# 数码**摄影** 从入门到精通

玮 珏 / 编著

新世界出版社
NEW WORLD PRESS

**图书在版编目（CIP）数据**

数码摄影从入门到精通 / 玮珏编著 . —— 北京：新
世界出版社 , 2014.7

ISBN 978-7-5104-5100-3

Ⅰ . ①数… Ⅱ . ①玮… Ⅲ . ①数字照相机—摄影技术
Ⅳ . ① TB86 ② J41

中国版本图书馆 CIP 数据核字（2014）第 147659 号

# 数码摄影从入门到精通

作　　者：玮　珏

责任编辑：张建平　李晨曦

责任印制：李一鸣　王丙杰

出版发行：新世界出版社

社　　址：北京西城区百万庄大街 24 号（100037）

发 行 部：（010）6899 5968　　（010）6899 8705（传真）

总 编 室：（010）6899 5424　　（010）6832 6679（传真）

http：//www.nwp.cn

http：//www.newworld-press.com

版 权 部：+8610 6899 6306

版权部电子信箱：frank@nwp.com.cn

印　　刷：北京市松源印刷有限公司

经　　销：新华书店

开　　本：787×1092　1/16

字　　数：320 千字

印　　张：20

版　　次：2014 年 8 月第 1 版　2022年2月第2次印刷

书　　号：ISBN 978-7-5104-5100-3

定　　价：128.00 元

前言 preface 摄影

前言

　　很久以前，当我们提到摄影时，脑海中浮现的总是价值不菲的照相机、昂贵的胶卷、留着长发的摄影师……这些好像离我们是那么的遥远。然而，随着数码相机的普及，摄影已经不只是摄影家、摄影师谈论的专用术语，而成为普通大众对美的一种追求。它记录下了时代的变迁，留下了摄影人对社会、对生活、对大自然的理解。

　　目前，市面上各品牌的数码相机已经可以满足各个消费层次用户的需求，数码相机在普通消费者中普及度迅速提升，并与生活密不可分地联系在了一起。照片已经成为展现个人独特视角与人生体验的载体，每个人都可以用相机记录身边的美好事物。

前言

然而一张好的照片并不是简单地按一下快门就可以得到的，而是艺术与技术相结合的产物。它需要拍摄者既熟悉手中的摄影器材，自如操控相机的各项功能，又需要有发现美、创造美的能力。

所以说，摄影是一门技术，也是一门艺术，不但需要对基本操作勤学勤练，也需要通过各种表现手法来传达创作思想。面对同样的场景，表达的思想不一样，所运用的拍摄手法也是有差别的。

本书内容丰富，从摄影器材与原理到光圈、快门、用光等专业术语的详尽解释，从摄影理念到通过照片传递拍摄者对美的表达，从人物、景物、花鸟、静物、夜景等不同拍摄对象或主题的拍摄技法到后期的完美实现，都一一呈现。本书非常适合对数码摄影感兴趣，特别是想快速提高摄影水平的爱好者阅读。

*preface*

## Chapter **1** 数码相机的基本知识 /011

# Contents

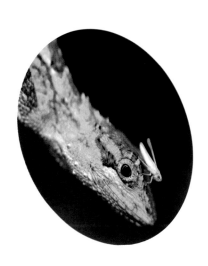

**Chapter 2 数码相机使用基础 /049**

Contents

目录

Contents

Contents

目录

# Contents

# 1
## Chapter

## 数码相机的
## 基本知识

**数**码相机与传统相机的最大区别，在于影像的储存上。由于放弃使用胶卷，而以数字储存器取而代之，使相机具有经济、环保、快捷的特点。而且所保存的影像不会变质、褪色，还可以通过网络迅速传播。

摄影

记录孩子的成长

# 看完之后，你就会爱上摄影

摄影是一门新鲜的艺术，产生的时间并不算长，是人类社会进步和现代科学技术发展的综合产物。摄影可以帮助人们扩展视野、记录美好瞬间、获得第一现场的真实面貌，并借此提高和加深人们了解周围生活环境、认识世界的水平，还可以丰富人们的精神文化生活，因而广泛地应用于社会生活多个领域，成为大家精神生活中重要的内容之一。

1839年是摄影史上一个重要的里程碑，这一年最重要的大事就是摄影术的发明，由此人类真正找到了一种可以直观记录人们看到的事物外在面貌的方法。

在还没有发明摄影术之前，人们只能通过水面、镜子等物品看到真实的自我，通过自己的眼睛看到这个世界的面貌，但并不能及时记录这些珍贵的场景，最后也会随着时间的流逝而在记忆中遗忘。

摄影术的发明和摄影机的出现，弥补了人们的遗憾。有了这些工具，人类可以记录下许多美好的珍贵瞬间，可以随时回味当时的美好。

摄影具有直接、科学、客观等特点，它获得的影像真实可信，自然并贴切，摄影最直接的产物就是人类经常看到的、可以准确地进行视觉传播的照片。

摄影为广大人民群众提供了一种非常科学、形象的记录方式，用以记录自然景物和人类社会生活的影像。

因为摄影具有科学性、直接性、形象性等显著特点，在人类社会的传播活动中起到

心动时刻

摄影给了我们一个全新的视角观察世界

记录自然风光

记忆美好瞬间

了极其重要的作用。

今天，在人类社会生活的方方面面中，摄影都在以各种不同的方式服务于人民群众。从科技到文化，从政治到经济，从大众传播一直到人类日常生活，摄影的作用几乎无处不在，不可或缺。

摄影的最终成果是各色各样的照片和数码影像。这些照片可以将人们能够看到的具有实用意义或观赏价值的事物等记录并保存下来，从而让这些图片成为长久甚至永恒的收藏，让以后的人们可以目睹历史的真正面目，为社会学、人类学的相关研究提供大量的宝贵资料，具有极强的历史价值和社会学价值。

纪实性摄影作品：劳作的工人

美源自生活

摄影让生活更加美丽多彩

通过照片和数码影像保留下来的这些真实的历史图像，显然比以往人类历史上留下来的任何资料更具说服力，更加可信、生动而直观。

照片和数码影像弥补了人类视觉能力的不足，并且通过照片以及数码影像本身所承载的信息，带给人们真实的震撼，弥补了人们难以亲临现场的遗憾，这些情境让人们看到了以前的、平时极难看到的、容易忽视的、用肉眼无法分辨的各类优美图像。

摄影丰富了人类视觉的内容，扩展了人类视觉触及范围，可以前观历史故往，后看当今生活百态。真正了解摄影后，你会发现，这里的世界是如此精彩，让你不得不爱上摄影，为摄影而疯狂。

# 摄影从这里开始

有人曾经这样说过："摄影是一门年轻的艺术。"这话十分正确。摄影这门艺术的形成和发展的历史比较短暂，但是摄影艺术的普及速度却是前所未有的。那么，摄影艺术的真正开始时间是从哪里算起呢？

## 摄影术的问世

公元前400多年，中国哲学家墨子观察到小孔成像的现象，并记录在他的著作《墨子·经下》中，成为有史以来对小孔成像最早的研究和论著，为摄影的发明奠定了理论基础。

墨子之后，古希腊哲学家亚里士多德和数学家欧几里德，中国春秋时期法家韩非子、西汉淮南王刘安、北宋科学家沈括等中外科学家都对针孔成像有颇多论述，针孔影像已被察觉乃至运用，但只可观察，无法记录。

16世纪欧洲文艺复兴时期，出现了供绘画时成像用的透镜暗箱，以后又出现了氯化银、硝酸银等具有感光性能的感光物。这一系列的科技成果为摄影术的诞生打下了基础。

1822年，法国石版印刷工匠尼埃普斯为了改进印刷方法，开始试验如何将暗箱中所得的影像保存下来。1826年，他将朱迪亚沥青（一种感光后能变硬的沥青）溶化在拉芬特油中，把它涂在金属版上，然后放入暗箱，经过8个多小时的曝光，显影后终于成功地获得了第一张记录工作室外街景的照片。但这项成果在

法国石版印刷工匠尼埃普斯

当时并未引起人们的足够重视。1829年起，法国巴黎的舞台美术师达盖尔开始与尼埃普斯合作，共同研究摄影术。他们分处两地，各自进行试验，并互相函告结果。可惜，尼埃普斯于1833年病逝。1837年，达盖尔终于发明了完善的摄影方法达盖尔摄影术（又称"银版摄影法"）。这种摄影方法是一种显现在镀银铜版上的直接正像法，不能进行印放复制。

1839年，法国政府买下了这一发明的专利权，8月在法国科学院和美术学院的联合大会上，公开展示了达盖尔的光学照片。8月19日，法国政府正式公布了银版摄影法的详细内容，达盖尔本人发表了一本79页的说明书。从此摄影术公诸于世，1839年8月19日被定为摄影术诞生日。

银版摄影术的发明者路易·达盖尔

**Tips**

达盖尔（1787~1851），法国美术家和化学家，因发明银版摄影法而闻名。达盖尔出生于法国法兰西岛瓦勒德瓦兹省。他学过建筑、戏剧设计和全景绘画，尤其擅长舞台幻境制作，也因此声誉卓著。

达盖尔使用的相机

达盖尔作品：巴黎的街道

　　达盖尔的银版摄影术
实际上就是将光洁度极高
的镀银铜版的镀银面朝下
放进装有碘晶体的容器里，
催生碘与银产生化学反应，
进而形成可以感光的碘化
银，这样就形成了预想的

达盖尔作品：静止的生命

"银版"，然后将这种感光"银版"放进摄影暗箱中，再进行摄影曝光。在这个过程中，银版
上就记录了被拍摄对象的影像，这个过程是我们人眼不能看到的，但是却悄悄地获得了被拍摄
物体的初步影像，这个初步影像被称为"潜影"，也叫"潜像"。在获得潜像后，将镀银面朝下，
放进一个有加热水银的容器里，此时水银蒸汽就与银版上曝过光的碘化银分子发生化学反应，
最后一幅银版照片也就完成了。

**Tips**

**银版摄影术的步骤**

①备好一块铜版，将铜版镀上一层薄银；

②将这种感光"银版"放进摄影暗箱中，碘蒸汽与银发生反应，生成碘化银；

③将银版放入暗箱进行拍摄，大概持续时间为 15 ～ 30 分钟，经过光线的作用发生了一系列化学反应；

④银版上形成"潜影"，获得了被拍摄物体的初步影像；

⑤将铜版放进浓热食盐溶液中，与银版上曝过光的碘化银粒子发生化学反应，实现"定影"作用；

⑥水洗，晾干；

⑦经过一系列后续处理，一幅图片成型。

达盖尔的银版摄影术开启了近代摄影史的光辉前景，将摄影的神奇与人类日常生活联系在一起，并且客观真实地把被拍摄物体的影像永久地保存下来，具有真实记录历史和百姓生活的重大作用。银版摄影术也促进了整个摄影术的逐步成熟，从此，摄影开始不断普及，一步步走进百姓生活。

当然，历史是前进的，随着科学技术的更新，原来的科学成果慢慢地就会表现出它的缺陷和不足。金无足赤，人无完人，达盖尔的"银版摄影术"自身也有许多缺陷和不足：

第一，成本高，操作复杂，普及性不强；

第二，使用银版摄影术呈现出来的图像是直接的正像，无法复制。

# 摄影艺术的发展与革新

　　达盖尔摄影技术诞生后的一个半世纪中，摄影技术不断地发展和革新，新的摄影技术和摄影器材不断地实现突破性变革，出现了更新更好的摄影技术，推动着摄影艺术的不断前进和发展，尤其是摄影技术最核心的感光材料的使用和发明，使摄影艺术不断地走向成熟。

　　根据摄影感光材料的不同，摄影史在达盖尔银版摄影术之后迎来了新的技术革命。

## 卡罗式摄影法

　　卡罗式摄影法稍晚于达盖尔式摄影法，卡罗式摄影法是世界上最早的"负—正"摄影术，也是现代"负—正"摄影的基础。这种摄影术的基本方法就是先拍出负像底片，然后冲洗成正像照片。

卡罗式摄影法作品：英国乡村

## Tips

**卡罗式摄影法的优缺点**

**优点：**

　　第一，感光材料选用氯化银，比碘化银感光性更好；

　　第二，曝光方式更加灵活，可以观察和控制成像；

　　第三，采用负片价格低廉，可以降低成本，并且可以多次复制。

**不足：**

　　成像颗粒粗，清晰度不高，层次感不分明。

　　这种摄影法选用一种优质书写纸作为负片片基，并在其上涂碘化钾和硝酸银，使之成为氯化银感光纸而制成一种半透明的纸质负片。然后经过曝光、显影和定影之后，得到一幅负像底片，最后将负像底片与另一张氯化银感光纸洗印成正像照片。与达盖尔摄影法相比，卡罗式摄影方法可以反复印制，冲洗出来的照片具有木炭画的素质，色调柔和而又浓厚，不过影像粗糙，画面层次并不分明。

# 火棉胶湿版法

　　1851年，火棉胶湿版摄影法第一次取得成功。实验者在玻璃板上获得了永久性负片，标志着火棉胶湿版法的成功研制。火棉胶湿版摄影法选用玻璃板作为片基，用火棉胶作胶合剂，把感光化学药品涂到光滑的玻璃表面上，让其成为透明的感光板。经过曝光、显影与定影等一系列的复杂程序后，制作出负像透明底板，然后将负像透明底板进行冲洗，印成正像照片。

　　由于火棉胶干后不透水，无法显影，所以必须在干燥前进行拍摄和冲洗，因此称之为湿版摄影法。

火棉胶湿版法摄影作品

**Tips**

**火胶棉湿版摄影法的优缺点**

**优点：**

火棉胶湿版摄影法集达盖尔式摄影法和卡罗式摄影法之长，既能拍出清晰的影像，又可以将图片进行反复印制，并且影像质量也非常精细，感光速度比前两种摄影法都要高，曝光时间只需要 15~60 秒，并且成本较低，普及性高。

**缺点：**

火棉胶湿版摄影法不管是拍摄还是冲洗，都要趁着火棉胶没有变干之前完成。因为火胶棉干燥后不透水，药液也就无法发生作用，这样一来在操作上要求非常高，对摄影环境的要求也很苛刻，对于一般摄影者来说有些复杂，尤其是外出拍摄，除了摄影机和三脚架外，还必须携带化学药品、用来搭作暗室的帐篷、冲洗药液等，非常烦琐。

# 明胶干版法

明胶干版摄影法盛行在 1871~1888 年，这种摄影法是在火棉胶湿版摄影法的基础上进行创新，采用明胶代替以前的火棉胶，从而避免了使用火棉胶湿版摄影法进行拍摄时带来的各种不便，实用价值非常高。明胶干版摄影法的最大特点是可以在干燥后进行拍摄和冲洗，所以称之为干版。

上述一系列的使用感光材料进行拍摄的时代在不久之后逐渐被胶片所取代。1888 年美国伊斯曼公司发明胶卷，代表着摄影进入另一个新的纪元。

**Tips**

**明胶干版法的优缺点**

**优点：**

明胶干版摄影法拍摄出来的照片质量高，并且能够反复印制，而且成本相对低廉，具有非常好的实际操作性，方便而实用。

**缺点：**

明胶干版摄影法所用的玻璃板不便携带。

从 1888 年开始，直到胶片拍摄时代被新兴的电子数码科技取代，这一段时间内，摄影技术的变化和革新，速度之快超乎人们想象。

1889 年美国柯达公司首先生产出世界第一台手提式轻便摄影机和第一个卷式轻便感光胶片，让摄影变得轻巧灵活，开始向普通大众进行普及；1907 年，法国生产出世界上第一个彩色感光材料"天然彩色感光版"，使摄影的颜色从单一的黑白两色进入了彩色时代，给摄影艺术蒙上了喜庆的色彩。

1936 年，美国生产出三层乳剂彩色反转片，使彩色摄影进入日趋完善的阶段。

1947 年，美国生产出世界上第一个黑白即显系统，使摄影开始进入能立即显出影像的"即显"摄影时代。

1960 年，日本制造成功世界上第一台电子自动曝光摄影机，这一事件标志着摄影开始进入电子自动化时代。

1981 年，日本 SONY 公司研制成功世界上第一台磁录摄影机，为摄影艺术的开拓创新打开了一条新路，具有划时代的意义，摄影从此可以脱离胶卷。

1991 年，柯达公司推出世界第一款专业数码相机。摄影艺术经过无数代人们的辛苦钻研，终于迎来了新的摄影时代的降临——数码摄影时代。这也代表着摄影史上一个新的开始。

# 摄影艺术的流派

　　摄影艺术在形成之后就逐渐演变成无数个艺术流派。各个不同的流派拥有不同的摄影主张，对待摄影有不同的看法和观点。

　　不同的摄影流派具有不同的审美眼光、创作风格。现在公认的摄影流派有写实主义摄影、绘画主义摄影、自然主义摄影、纯粹主义摄影、新现实主义摄影、达达主义摄影、超现实主义摄影、抽象主义摄影、主观主义摄影等。这些不同的摄影流派在历史上某个时期内都相应产生过重要作用和深远影响。

## 写实主义摄影

　　写实主义摄影充分发挥摄影艺术的真实记录的特性，是摄影艺术的基本流派之一。写实主义摄影以纪实为主要特点，发挥摄影纪实特性，认识作用和教育作用大于审美作用。写实主义摄影不会刻意要求摄影作品的结构和美学意义，以真实再现镜头前的人物为首要宗旨。这个流派的摄影艺术家强调"与自然本身相等同"的忠实性，反对刻意创作和虚伪摆拍等。

　　写实主义摄影作品也并不是枯燥无味的代名词，这类作品的画面非常朴实，但是却具有一定的教育作用，令人深思。

　　**我需要揭露那些必须纠正的东西，当然，也要表现出那些必须表扬的一面。**

——著名写实主义摄影大师刘易斯·海因

### 主要摄影家和作品

　　写实主义摄影的代表作品最早为世人瞩目的是英国摄影家菲利普·德拉莫特于1853年拍摄的那些火棉胶纪录片，随后则是罗斯·芬顿的战地摄影等。写实主义摄影将镜头转向社会，并随着摄影技术的日益成熟，其记录社会的功能带给人们更多的震撼，受到了人们的青睐。而且摄影技术的提高和摄影的普及让众多写实摄影家有机会记录生活，记录身边的历史。他们的作品都以其强烈的现实性和深刻性而为人们所称道，并在摄影史上留下浓重的一笔，有些作品现在已经被奉为经典，例如英国勃兰德的《拾煤者》，美国R.卡帕的《通敌的法国女人被剃光头游街》，法国韦丝的《女孩》等，这些作品常常在摄影课上被拿出来研读。

《通敌的法国女人被剃光头游街》

## 绘画主义摄影

绘画主义摄影兴起于19世纪的英国，并在20世纪初开始盛行。这个摄影流派主要以追求绘画意趣，以绘画的风格而进行摄影创作的流派。绘画主义摄影流派发展时期比较长，现代人一般将其大致分为三个阶段：仿画阶段、崇尚曲雅阶段、画意阶段。绘画主义摄影家提出，"应该制造出摄影界的拉斐尔和摄影界的提茨安"。1869年，英国摄影家罗宾森（1830~1901）出版了《摄影的画意效果》一书，他在这本书中提出："摄影家一定要有丰富的情感和深入的艺术认识，这样才能成为优秀的摄影家。……技术上的改良并非就等于艺术上的前进。因为摄影本身无论如何精巧完备，还只是一种带引到更高的目标而已。"此书为该派奠定了理论基础。绘画派在摄影界中风格独树一帜，画面结构严谨，有自己的艺术审美要求，在拍摄作品时对模特、拍摄物品、道具的要求非常高，并且要经过精心设计和安排之后才可以用于拍摄。1857年雷德兰（1813~1875）创作的作品《两种生活方式》标志着绘画摄影艺术的成熟。

画意阶段时期，绘画派追求的是作品的意境、情感与画面的形式美，绘画派的摄影家运用光线创造出浪漫

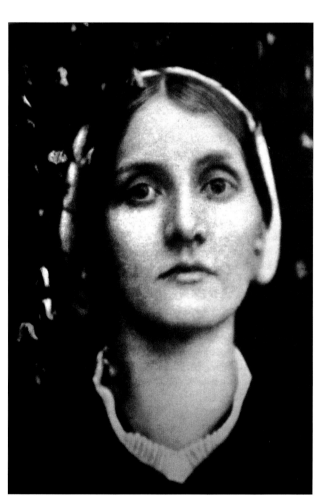

《妇女头像》，卡梅隆夫人，约1867年

《弥留》

**Tips**

**绘画主义摄影主要代表摄影家和作品**

普莱期（？~1896）的《男爵之宴》《鲁宾逊漂流记》《宝塔情景》；罗宾林的《当一天工作完了的时候》《秋天》《两个小姑娘》《弥留》《拿着毒药瓶的朱丽叶》《黎明和落日》；雷兰德的《伊菲吉尼亚》《优迪特与荷罗佛尼斯》；卡梅隆夫人的《无题》等。

的画意效果，并且取材与现实生活并没有多大联系。他们大胆借鉴了一些绘画技术，从而造成一种模糊朦胧的画面效果，使得摄影作品与现实生活的真实面目有些出入，但是，这并没有撼动绘画主义摄影在摄影史的重要地位。

## 自然主义摄影

自然主义摄影是作为绘画主义摄影的对立面而存在的，自然主义摄影反对绘画主义摄影的艺术追求，追求题材的真实，并且认为接近自然的作品才具有最高的艺术价值。

1889 年，摄影家彼得·埃默森发表了一篇题为《自然主义的摄影》的论文，在该文中作者抨击绘画主义摄影是支离破碎的摄影，反对绘画主义摄影的审美观点，提出摄影家应该回到自然中去寻找创作灵感。他认为，没有一种艺术比摄影更精确、细致、忠实地反映自然，摄影作品的效果就在于感光材料所记录下来的、不需附带任何修饰的镜头景象。

自然主义摄影的另一位宗师 A.L. 帕邱更为明确地提出："美术应该交给画家去完成，对于摄影人来说，根本不需要从美术那里借鉴任何东西，摄影人必须经营独立性的创作。"

自然主义摄影追求的是准确、精细地反映自然，提倡摄影脱离绘画，并独立进行摄影创作。

**Tips**

自然主义摄影对绘画主义摄影造成了一定的冲击，同时也纠正了摄影的历史地位，有利于摄影艺术的迅速成长，但是自然主义摄影只追求画面的真实性却忽略了事物的内在本质，成为这一艺术流派最大的缺陷。这一派著名的摄影家有德威森（1856~1930）、威尔钦逊（1857~1921）、葛尔（?~1906）、搔耶（1856~?）、萨特克利夫（1859~1940）等。

自然主义摄影作品

自然主义摄影作品

# 纯粹主义摄影

纯粹主义摄影坚决摒弃绘画在摄影艺术创作范围的影响，力主发扬摄影自身的特点，简化多余的创作手段，采用纯粹的摄影手法与技巧进行摄影创作，从而体现出摄影自身特有的画面美感。纯粹主义摄影的奠基人是美国摄影家斯蒂格利茨。纯粹主义摄影注重镜头中画面的光影变化，以及丰富细腻的影调、精致多变的画面构图等；强调表现被拍摄事物的原有面貌，并且要求表现出事物最真实的一面；充分利用光、色、线、形、纹、质等方面，而不借助任何其他艺术形式进行艺术创作。

**Tips**

这一流派的著名摄影家是斯特兰德（1890~？）和青年摄影家亚丹斯、根令翰等。

纯粹派后期的作品则向线条、图案和歪曲形象的抽象方面发展，其有影响的摄影家是亚博、史丁纳、史脱特文和伊凡思等。

# 印象主义摄影

1889 年，英国举办了法国印象派绘画的首次展览。绘画主义摄影家罗宾森在其影响下，提出了一个全新的观点，他认为"软调摄影比尖锐摄影更优美"，转而致力于"软调"摄影。

这里所说的"软调"摄影就是印象主义摄影的艺术特点和艺术主张。开始，他们采用软焦点镜头进行拍摄，选用布纹纸进行洗印，努力营造一种模糊朦胧的艺术表现效果。他们的目的就是"要使作品看起来完全不像照片"。

印象主义摄影从西方印象派绘画中汲取灵感，把这种艺

《戴帽子的女人》

**Tips**

印象主义的著名摄影家有杜马希（？~1937）、普约（1857~1933）、邱恩（1866~1944）、瓦采克（1848~1903）、霍夫梅斯特兄弟（1868~1943;1871~1937）、杜尔柯夫（1848~1918）、埃夫尔特（1874~1948）、米尊内（1870~1943）、辛吞（1863~1908）、奇里（1861~1947）等。

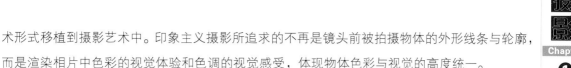
术形式移植到摄影艺术中。印象主义摄影所追求的不再是镜头前被拍摄物体的外形线条与轮廓，而是渲染相片中色彩的视觉体验和色调的视觉感受，体现物体色彩与视觉的高度统一。

印象主义摄影的作品在色彩上过于着重，所以很多作品模糊不清，空间感、距离感比较差。甚至会在相片的创作中主观添加自己的模糊感受，进行主观创作。这一流派其他的艺术特色是调子沉郁，影纹粗糙，富有装饰性。

# 新现实主义摄影

新现实主义摄影出现在 20 世纪 20 年代。这个摄影流派的艺术特点是在常见的事物中寻求"美"。摄影表现技法上通常用近摄、特写等手法，力图集中视角表现被拍摄对象的美，并在空间规划上将其从整体中"分离"出来，突出地表现被拍摄对象的局部，以此求得预期的视觉效果。

新现实主义摄影视觉冲击力非常强，不过这一流派往往忽略事物的本质，偏重于视觉上的感受，在事物精神内核的挖掘中缺乏力度。

新现实主义摄影作品

**Tips**

新现实主义摄影的创始者是德国倡导"新客观"运动的摄影家兰格—帕奇（Alber Renger-Patzsch，1897~1966）和卡尔·布劳斯菲尔德（Karl Blossfeldt，1865~1932）。他们把"普通的"而且是日常生活中的事物作为摄影的重要题材，体现了新现实主义摄影革命性的观念。

# 达达主义摄影

达达主义摄影产生于第一次世界大战期间，那个时期的欧洲文艺思想暗流潜动，各种思潮随着社会政治形势的变动而风起云涌。"达达"一语出自于法国儿童语言中"小马"或"玩具马"的不连贯语汇。由此可见，达达主义摄影在摄影史上的历史定位注定与众不同。达达主义艺术家在创作中否定理性和传统文化在摄影创作中的地位，宣称"抛弃绘画和所有审美要求"，具有一种反艺术精神，与传统的艺术审美形成鲜明对立。达达主义摄影家们通常喜欢以荒诞滑稽的表现手法传达事物的本身特性，以此来表达自己对现实的强烈批判。这种创作效果也使得他们的作品开始宣扬对社会的悲观失望，在摄影艺术史上占据相当重要的地位。

**Tips**

著名达达主义摄影家哈尔斯曼创作过一幅《蒙娜丽莎》，作者对照片进行再加工，让女主人公那双丰满的手生满汗毛，而且还塞满了钞票，造成了一种荒诞无稽、不伦不类的摄影效果。此外，其他达达派的著名摄影家有菲利普哈尔斯曼、摩根、拉茨罗摩荷利纳基和利斯特基等。

摄影作品《蒙娜丽莎》

绘画作品《蒙娜丽莎的微笑》

# 超现实主义摄影

　　超现实主义摄影趁达达主义摄影没落之际悄然兴盛，在 20 世纪 30 年代发展迅猛。超现实主义摄影与达达主义摄影的创作方式近似，他们也喜欢运用暗房技术等对画面重新创作，力图达到一种荒诞神秘的视觉效果。

　　超现实主义摄影流派认为，采用现实主义创作方法以表现现实世界是前人早已完成了的任务，所以他们认为现代艺术家的使命就是挖掘新的、未被探讨过的那部分人类的"心灵世界"。他们在创作内容和方向上积极求索，借由人类的下意识活动、偶然的灵感、心理变态和梦幻等表达摄影家们对于现实的理解和认识。

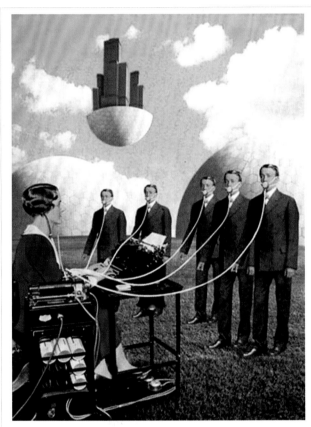

**Tips**

超现实主义摄影流派的创始人是英国摄影家丝顿和美国的布留奎尔，这一流派的著名摄影家有帕尔汗、布兰特、布鲁门塔尔、洛林、哈尔斯曼、赖依等。

超现实主义摄影作品

# 抽象主义摄影

　　抽象主义摄影出现在第一次世界大战后，该流派的摄影家否定造型艺术是以可审视的艺术形象来反映生活，力主"从摄影里解脱"。在这类摄影作品中，被摄物体在这些艺术家看来不过是被用来表现作者自身想象空间和展现个性旋律的喻体而已。

**Tips**

　　抽象主义摄影的发起者是泰尔博（1800~1877），在1922年，匈牙利抽象画家莫荷利纳基在前人的理论基础上加以发展，最终确立了抽象主义摄影的理论。该流派的代表人物还有史格特、芬宁格、安真兰特、佛莱泰、温隙斯特、格连巴晤等人。

抽象主义摄影作品

# 主观主义摄影

主观主义摄影出现在第二次世界大战后,人们对他们的定位是比抽象主义摄影更为"抽象"的摄影艺术流派,同时主观主义摄影因为战后存在主义哲学思潮的影响,在摄影艺术创作的领域中大行其道。主观主义摄影的艺术家们非常重视自己的创作原则,并且将一切艺术创作标准和陈规视为粪土,倡导自主创作。他们认为摄影艺术的最高标准应该是提示摄影家自身的朦胧观念和表现难以用语言和文字进行表达的内心状态和精神意识。

主观主义摄影作品

**Tips**

主观主义摄影的著名摄影家除奥特·斯坦内特以外,还有杰·施莫尔、肖·范欧坎、兰·佩恩、莫·弗克尔特、本章光郎和堀内初太郎等。

# 数码相机的分类

## 单反数码相机

单反数码相机的全称是单镜头反光数码相机——DSLR。其中 D 代表着 Digital，即数码；S 代表着 Single，即单独；L 代表着 Lens，意思是镜头；R 代表着 Reflex，意思是反光。

### 操作原理

单反数码相机的成像程序是光线穿过镜头，通过反光镜的折射，到达对焦屏然后结成影像。在使用单反数码相机时，使用者按下快门钮后，单反机的反光镜就会往上弹起，感光元件前面的快门幕帘就会同时打开，通过镜头的光线便投影到感光原件上感光，然后反光镜便立即恢复原状，观景窗中再次可以看到影像。

佳能

莱卡

尼康

宾得

## 主要特点

单反相机完全透过镜头对焦拍摄，可以使观景窗中所看到的影像和胶片上相似，并且其取景范围和实际拍摄范围相吻合，便于使用者更好地取景构图。

单反数码相机还有一个与众不同的地方，就是单反相机可以交换不同规格的镜头，这是其他普通数码相机做不到的。为此，许多专业的摄影爱好师或摄影学家在选用数码相机时更青睐于单反数码相机。

此外，让众多专业数码相机玩家痴迷于单反数码相机的原因还包括一点：单反数码相机的感光元件（CCD或CMOS）的面积远远超出普通数码相机，这样使单反数码相机的每个像素点的感光面积也远远大于普通数码相机，所以单反数码相机的摄影质量明显高于普通数码相机。

# 卡片数码相机

卡片相机在摄影界只是一个未成形的模糊定义，其针对对象是那些外形小巧、机身轻而富含时尚元素的相机。

## 主要特点

卡片数码相机可以随身携带，只要保护措施得当，卡片机可以随意放进西服口袋里、放进手提包里，或者挂在脖子上。

卡片相机虽然没有其他高档相机那样具有非常高的配置和技术参数，但是最基本的曝光补偿功能、区域或者点测光模式等都具备，能完成一定难度的作品摄影。卡片机适合初学者的学习、实践。

三星

奥林巴斯

# 长焦数码相机

长焦数码相机的特色就在于它是具有较大光学变焦倍数的机型，可以拍摄到远距离的景物。

## 主要特点

长焦数码相机通过移动镜头内部镜片以改变焦距。改变焦距可以改变景深，景深在摄影过程中的应用是相当重要的，焦距越长景深就越浅，景深调浅有利于突出主体并将背景虚化，这是很多摄影初学者常常刻意追求的一种拍摄效果。因为这样拍出来的照片更加专业化、更具美感。

索尼

# 数码相机的新功能

## 防水功能

相机的防水功能是指相机本身具有防水功能，或者是配有防水装置的外壳，可以在水中拍摄。

防
水
功
能 $\{$ 本身具有防水功能 → 具有防潮、防雨水的功能，可以在水下 1 米左右进行拍摄，但是具有时间限制，约 20~30 分钟。

配有防水装置外壳 → 配有具有防水功能的潜水盒，能深入 30 ~40 米的水中进行拍摄，没有时间限制。

具有防水功能的相机可以在水下拍摄

本身具有防水功能的相机

具有防水装置的相机

# 面部识别功能

数码相机的面部识别功能

面部识别功能是指在拍摄时自动把焦点集中到脸部，优先识别人脸，可以避免照片因失焦而造成人像不清晰的问题。这是一个非常实用的功能，目前大多数相机都已具备了这个功能。

# 防抖功能

防抖功能的使用，能有效地克服因相机的振动产生的影像模糊，使手持拍摄不会产生模糊不清的现象。目前，在数码相机中采用的防抖功能主要分为光学防抖和电子防抖。

光学防抖主要是依靠特殊的镜头或者感光元件的结构，最大限度地降低由于操作者在拍摄过程中的抖动而造成的影像不稳定。推出过具有光学防抖功能的数码相机的厂家有佳能、尼康、索尼、奥林巴斯、松下和适马等。

电子防抖主要是在数码相机上采用强制提高图像传感器的感光参数，同时加快快门并针对图像传感器上取得的图像进行分析，然后利用边缘图像进行补偿的防抖。虽然操作简单，却对画面清晰度有一定程度的破坏。目前市场上有卡西欧、柯达、富士等采用电子防抖技术制造相机。

使用防抖功能的情况下拍摄的图像

没有使用防抖功能的情况下拍摄的图像

# 数码相机的选购

卡片机

## 家用自拍

如果只是简单的家用自拍的话，可以选择卡片机，这类相机对于家用自拍来说非常方便，它具有时尚的外观、大屏幕液晶屏、小巧纤薄的机身，操作便捷。

长焦便携数码相机

## 外出旅行

如果您是一位旅游爱好者，那么普通的卡片机对于您来说非常的不合适，因为它没有足够长的焦距，无法应付广阔的场景拍摄。您可以选择具有从广角到长焦的超大变焦范围的镜头机身一体的长焦数码相机。这样就可以满足您拍摄不同视觉感受的照片。

数码单反相机

## 专业型

几乎所有的卡片机和长焦数码相机都不能更换镜头，满足不了高要求的拍摄需求及专业的拍摄任务。如果您是一位专业的摄影师，就要选择一款性能不错的数码单反相机。如果想获得更完美的成像质量，还需要选购一些不同种类的镜头。

# 数码机的实用配件

数码相机是一种中高档电子产品，所以对配件也有很高要求。了解这些配件，清楚它们的使用范围和使用方法，对扩展数码相机的应用功能和延长其使用寿命，是非常有帮助的。

## 连接吊带

相机的手提吊带要常常套在手腕上，这是一个不容忽视的好习惯。因为在拍摄过程中，有很多突发情况，无论在什么环境下，将相对比较昂贵的数码相机保护好，是每一个摄影发烧友的责任和义务。保护好相机，才能保护好相机里面的精美画面，所以必须装上吊带，时刻注意保护数码相机的安全。

**Tips**

这是一个错误的案例示范，正确的方法是将连接吊带套在手腕上，这样可以有效地保护好相机。

# 电池

电池是数码相机的动力来源。拍摄照片的时候必须保证有足够的电源补给。

使用数码相机，要随时准备好备用满电电池，这样可以在拍摄照片的时候保证相机电源充足，不妨碍相机的正常使用。

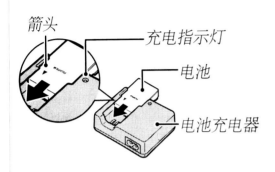

箭头

充电指示灯

电池

电池充电器

**Tips**

**简易学会安装相机电池**

（1）根据箭头方向指示，打开电池盒盖。

（2）把电池插进电池仓并锁定到位。

（3）重新安好电池仓盖并加锁。

# 存储卡

用一个形象的比喻，存储卡就相当于传统相机的胶卷，经由数码相机拍摄出来的照片多数保存在存储卡。现在的数码相机的存储卡种类很多，用户有很多的选择空间。不同的存储卡安装方式也不尽相同。比如，单反数码相机的机主多采用 CF 卡和 SD 卡，而这两种卡也各具特色，这里因为篇幅有限暂时不作介绍，有兴趣的读者可以寻找相关书籍查阅。

存储卡

遮光罩

## 遮光罩

在室外拍摄时，要注意保护摄影机镜头，尽量避免在光线强烈的情况下拍摄。因为当室外光照充足时，会有多余的光线冲入镜头，导致画面上出现光斑，影响照片美感，此时需要使用遮光罩来保护镜头，控制多余光线。

遮光罩的质地多以橡胶、塑料或金属材质为主，形状各异，而圆形、方形和莲花形三种为最常见的，便于携带。

## 相机包

相机包就像电脑包用来盛放笔记本一样，可以收纳并保护相机，选用相机包可以不用计较什么品牌，但是一定要空间足够，能够收纳相机、镜头和其他附件，而且还要有防水的功效。

相机包

# 三脚架

三脚架是常见而实用的摄影辅助器材，三脚架可以对数码相机提供一种有效的保护，并且还可以防止拍摄时抖动。

三脚架的结构一般都是分为三部分，即自由云台、升降中轴和可调节支柱三部分，稳定性相对较好。

三脚架

# 快门线

快门线是一种常见的相机辅助工具，它可以对快门进行间接制动。在拍摄速度较慢、曝光时间较长的情况下，可以使用快门线对快门制动。

## 滤光镜

滤光镜常用玻璃或者塑料材质制作而成，用于镜头前，可以保护镜头、校正色温或者造出更多的拍摄效果。

## 偏振镜

偏振镜是一种常用滤镜，它在镜头中起到过滤作用，可以将空气中的偏振光过滤掉，有助于表达画面的层次感。

## 暖色滤镜

暖色滤镜的作用是增强画面的温情、暖色调，降低色温，校正冷色调。

## 冷色滤镜

与暖色滤镜对应的是冷色滤镜，冷色滤镜升高色温，校正暖色调。

滤光镜

# 数码相机的清洁与保养

相机的清洁与否对于拍摄画面的效果有着决定性的作用。相机镜头不清晰可造成画面有斑点或模糊不清的情况。所以，平时一定要注意相机的清洁问题。

## 清洁工具的选择和使用

### 清洁手套

在准备清洁相机时，应先戴上清洁手套，主要是为了避免双手直接接触相机，从而留下污渍。

### 气吹

气吹可以清除相机表面与镜头的灰尘，主要针对相机表面的细缝与镜头表面，使用非常方便，在擦拭前，先用气吹清除表面灰尘，可以避免镜头表面的意外磨损。

### 毛刷

毛刷和气吹一样，是清除灰尘的工具，主要针对相机表面的灰尘清除，常用软毛刷。

### 镜头布

镜头布，顾名思义，就是擦拭镜头的"抹布"。选购时要谨慎，要去摄影器材专卖店购买。若需要携带镜头布，则应妥善存放，避免造成污染。

### 镜头纸

镜头纸是一次性用品，作用与镜头布相同，但去污能力不强，使用时应避免手指指甲接触到镜头。

### 镜头笔

镜头笔是专门为清洁镜头而设计的工具，全称镜头清洁笔。它不但使用方便，而且携带也很方便。一般有两头，一头是碳的（碳粉，球形的微小颗粒，粒径一般在 30~50 微米），能很好地吸附灰尘，同时具有抛光效果，不是简单的碳粉，在其表面还吸附有纳米颗粒氧化硅球，用来擦镜头；另一头是刷，可以刷掉大灰尘。一般是先用刷去掉大灰尘颗粒，然后用碳素头仔细擦。

目前市场上除这种碳头笔外，还有一种是绒头的。碳头的笔采用活性碳技术，可以有效清除手指油渍印以及一般污渍尘土，属于高档笔。绒头笔是超细纤维的绒布，道理和镜头布相当，只不过做成了笔形。

### 清洁液

清洁液的全称是镜头清洁液。市面上清洁液种类繁多，价格也是参差不齐，使用时最好选用一些知名厂商的产品。一般清洁液可以和镜头纸或镜头布搭配使用，对镜头表面进行直接清洁。

## 清洁机身的方法

　　清洁机身时，可以使用气吹将表面的灰尘颗粒吹走，然后将清洁液滴到柔软的棉布上进行擦拭。机身的细缝是清洁的重点，而擦拭时也需要注意避免液体从细缝渗入相机内部。

## 清洁镜头的方法

　　相机的镜头是非常精密的部件，其表面做了防反射、增透的镀膜处理，一定要注意不能直接用手去摸，因为这样就会粘上油渍及指纹，影响拍摄的照片质量。

　　清洁镜头时，可以用气吹吹掉灰尘，或用毛刷轻轻刷去灰尘。若清理不掉灰尘，可将清洁液滴到镜头布上轻轻擦拭，注意不要把清洁液直接滴到镜头上，更不能用纸巾或看似柔软的布去擦拭镜头。平常不用时要记得盖上镜头盖，放入相机包中。另外，应尽量减少清洁镜头的次数。

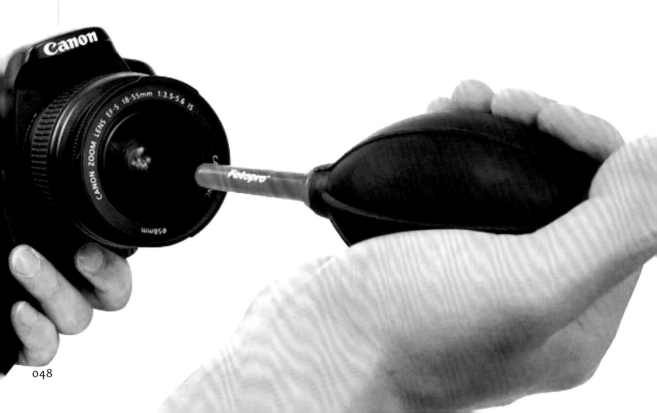

# 2

*Chapter*

## 数码相机
## 使用基础

**数**码相机现在是越来越便宜，使用数码相机的朋友越来越多，不过很多人都反映数码相机并不像传说中那么好，为什么呢？因为有时候数码相机拍出的照片并不让人满意，比如偏色、照片模糊等等，当然，这里面肯定有相机自身的不足，但更多的原因恐怕还是拍摄者没有熟悉相机本身所具备的各种功能及拍摄要领。

# 拍摄前的准备工作

　　准备拍摄前，要先装好电池和存储卡。如果使用的是单反相机，最后还要记得打开相机的镜头盖。

## 电池的安装和取出

　　电池的安装和取出非常简单，一般购买相机时都有一本用户手册，拍摄者只需要按照说明书上的方式安装和取出即可。

　　拍摄完后，应取出电池妥善保存，可以有效防止电池触点损坏或者氧化。

　　安装和取出步骤见下图。

安装步骤：

①打开电池仓盖

箭头

②按箭头方向放入电池

③扣紧电池仓盖

取出步骤：

按安装步骤①打开仓盖，
按下电池释放搭扣即可
取出电池。

电池释放搭扣

**Tips**

打开电池盒盖之前，要确保相机是关机状态。请按正确方向插入电池，切勿用力或试图将电池倒插或反插。

# 存储卡的安装和取出

存储卡的安装和取出同电池一样，只需按照说明书上的方式进行即可。注意正确操作，否则容易损坏存储卡。安装和取出步骤见下图。

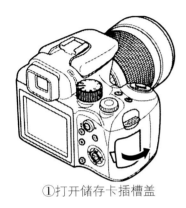

①打开储存卡插槽盖

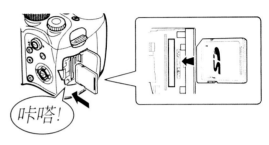

咔嗒!

②如图所示插入储存卡，正确插入后会发生咔嗒声

取出储存卡

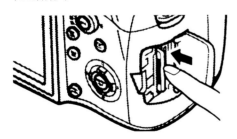

确认相机呈关闭状态后，如图所示，向里按储存卡，立即松开手指，储存卡可弹出

③关闭储存卡插槽盖

## 安装存储卡

在向数码相机中装卡时要注意以下几点。

（1）不要在开机状态下装入或者取出存储卡，因为容易导致存储卡上的信息丢失，甚至损坏存储卡。

（2）按照每款相机规定的方法装入或者取出存储卡，有的存储卡只能以指定方位装入数码相机，每一种存储卡上都有相应的标记供人们在装入时识别。

（3）将存储卡装入数码相机时，要确认其是否完全插到位。插的时候要用力均匀，一定要推装到位。安装不到位就无法对拍摄的图像文件进行正常存储。

（4）有些存储卡有写保护功能，当处于写保护模式下，将不能拍摄和删除照片，安装存储卡的时候需要检查写保护滑块是否处于锁定位置。

## 取出存储卡

取出存储卡时，应往里轻推存储卡，听到咔嗒一声之后立即松开，存储卡即可自动弹出。

使用存储卡的时候，需要注意不能用手直接触摸存储卡的"金手指"，金手指是存储卡与数码产品进行数据传输的部分，如果金手指损坏将会影响存储卡的使用。

标识为支持UHS-1总线速度的SDHC储存卡

UHS高倍速度等级标志
需要设备支持

速度等级标志

TOSHIBA EXCERIA 系列之HD型

最高读写速度标志：
R：读速度
W：写速度

# 认识数码相机上的按钮

数码相机是通过其机身上的按钮进行控制的，下面以富士 finepix s205exr 数码相机为例，为大家介绍相机上的常用按钮。

1 对焦环

2 热靴

3 变焦环

4 镜头

5 闪光灯

6 AF 辅助灯（自拍指示灯）

7 （一键 AF）按钮

8 闪光灯弹出按钮

9 连拍按钮

10 白平衡按钮

11 终端盖

12 对焦模式选择器

13 扬声器

14 交流电源适配器连接插孔

15 A/V 线连接插孔

16 USB 线连接插孔

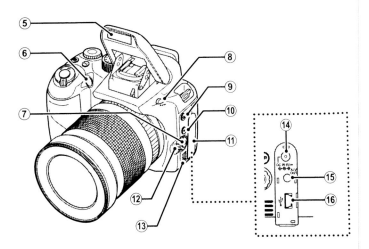

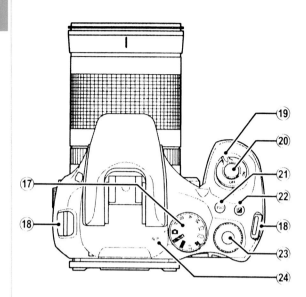

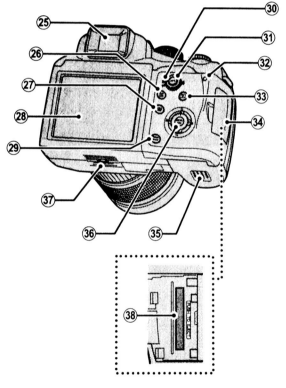

17 模式拨盘

18 肩带穿孔

19 ON/OFF 开关

20 快门按钮

21 ISO（感光度）按钮

22 曝光补偿按钮

23 指令拨盘

24 麦克风

25 电子取景器

26 EVF/LCD（显示选择）按钮

27 智能脸部优先与红眼修正按钮

28 显示屏

29 DISP（显示）/BACK 按钮

30 测光选择器

31 AE-L（自动曝光锁定）按钮

相机机身按钮

32 指示灯

33 回放按钮

34 储存卡插槽盖

35 电池盒盖

36 选择器按钮（见下图）

37 三脚架安装

38 储存卡插槽

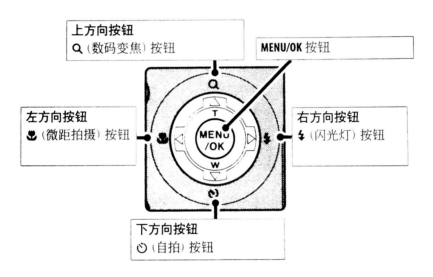

选择器按钮

# 选择相机的场景模式

相机的场景模式是数码相机的常见功能，通过相机顶部的"模式拨盘"来设定，普通的数码相机功能比单反相机的场景模式稍少些。这里主要为大家介绍一下基本的拍摄模式，包括自动、人像、风景、运动、夜景、微距等。

## 自动模式

自动模式是最省事的模式，该模式下的光圈、快门速度、对焦方式、白平衡以及闪光灯等设置都是自动的，用户只要取景、对焦、按下快门即可拍照。

自动模式适合对照片质量要求不高以及不熟悉相机操作的拍摄者。

在全自动模式下拍摄夜景时，闪光灯会自动开启，照片曝光准备充分，画面清晰

# 人像模式

人像模式主要是用来拍摄人物照片，其特点有两点，一是通过将背景中的物体虚化，达到突出场景中的人像的作用；二是使用能够表现更强肤色效果的色调、对比度进行拍摄，能够让人物肤色呈现出自然亮丽的色彩。需要注意的是，若是在光线较暗的情况下拍摄，需要打开防红眼功能。

采用人物模式拍摄的画面，主体比较突出，人物肤色表现真实生动

# 风景模式

　　风景模式主要用来拍摄风景。相机会自动设置参数，以获得由近及远的成像范围，还会自动设定画面的色彩，使被摄体更加鲜艳、清晰、锐利。该模式下拍摄的照片清晰度高、色彩较为艳丽、对比度高，整体效果较好。

画面由近及远都非常清晰

在风景模式下，不管环境有多暗，相机内置的闪光灯都不会开启

# 运动模式

　　运动模式用来拍摄高速移动的物体，也适合拍摄活泼爱动的儿童及飞翔或奔跑中的动物。当采用运动模式拍摄时，相机会开启自动对焦功能，从而追踪正在运动的被摄体，进行连续对焦。同时，为了能够捕捉目标的运动瞬间，相机会自动设置较高的感应度以保证相机的快门速度，拍摄出移动物体的瞬间动作。

半按快门按钮，开始自动对焦，当确定画面时完全按下快门并保持按下状态，可以连续拍摄多张动态照片

## 夜景模式

夜景模式用于拍摄夜景或较暗光线下的景色。主要特点是快门速度较低，内置闪光灯也会自动关闭，在拍摄时最好配备三脚架，避免出现画面模糊的情况。

低速快门拍摄的画面更清晰，成像质量更好

# 微距模式

　　微距模式适合近距离拍摄微小的事物。在此模式下拍摄，普通数码相机通过改变镜头的最近对焦距离，使相机能够靠近被摄体拍摄。然而，单反相机在开启微距模式后，还需要更换适合的镜头才能完成拍摄。

使用大光圈，才能得到浅景深、背景虚化的照片，使主体得到突出，这种方法用来拍摄细微的花卉、昆虫等十分适宜

# 正确的拍摄姿势

好马配好鞍，拥有一架精良的数码相机是拍摄优美图片的重要条件。但是，有了好相机，却拿不稳、端不正，那就相当浪费了。所以，在拍摄之前，一定要学会正确的拍摄姿势，拿稳相机，这是拍摄出好照片的重要前提。

摄影姿势和人的行走姿势一样重要。刚刚接触摄影的人或许无法立刻掌握端稳相机的技巧，这时我们可以借助三脚架来帮忙。三脚架是相机拍摄的重要附件，在相对平坦的地面上，三脚架的作用不容忽视。

如果有的地面凹凸不平，无法使用三脚架时，就要尽量抓牢、抓稳，将相机紧贴额头进行拍摄。

**Tips**

有的摄影者因为近视不得不佩戴眼镜，此时请摄影者注意，数码相机和前额之间要留足距离，最好有一个食指的间距，并且注意保护相机的塑料或金属表面避免与眼镜接触，因为相机与眼镜摩擦极易擦伤，不利于相机保养。

此外，根据实际情况，可以选择不同的姿势进行拍摄，如站姿、坐姿、卧姿、蹲姿、跪姿等。

尽量不要用一只手握相机，让两只手同时握住，这样固定效果更好。左手的握机姿势是握住相机的底部托住机身，手掌向上，承担相机的重量。右手的食指轻轻压在快门按钮上，当曝光完好、焦距调理正确的时候，按快门一定要干净利落，尽量减少晃动，避免影响画面质量。

# 立姿

　　一般拍摄不是单一的角度拍摄，有的时候摄影需要全身协调一致，所以拍摄照片时，拍摄者一般应双脚分立，大约成60度前后站立，双手分工合作，一只手握持相机按快门，另一只负责托住相机并调节镜头。

正确姿势

错误姿势：左手没有拖住镜头

**Tips**

　　相机重心应该和托住镜头的手一致。为防万一，拍摄者可以将托镜头的胳膊顶在胸前。

## 蹲姿

身体半蹲，利用膝盖支撑拍摄者的手肘，保持重心并让相机、手肘、脚这三点处在一线，以此来固定相机。

正确姿势

错误姿势：手肘没有支点，很容易抖动

## 坐姿

坐在地上，利用膝盖支撑手肘，两手固定相机。

正确姿势

错误姿势：上臂动作过于僵硬，不够放松，而且没有选取支点，相机不稳

# 卧姿

卧姿在拍摄小物体的近景照时采用更多，首先要将卧倒在地的两条腿分开，呈 30 度左右撑地，而两只胳膊支撑于地面，手持相机的方式不变。

正确姿势

错误姿势：左手应该兼顾镜头，在拍摄时要完成调焦任务

**Tips**

**Tips**

### 如何查看与删除照片

数码相机与传统相机相比，一个重要特征就是具有"即拍即得"功能，即可以让拍摄者在拍好一张或多张照片后马上在相机液晶屏上查看照片。

按下三角形回放按钮即可查看刚才拍摄的照片，按下放大按钮可以将照片放大查看，这时按方向按钮可以查看照片的局部，而按下缩小按钮可缩小图片，液晶屏会显示多张图片，选择方向按钮可以翻看图片。

数码相机的另一特点就是可以随时删除之前拍摄的照片。摄影时难免会出现拍摄不满意的照片，此时用户可以选择将照片删除，以免其占用存储卡的空间。

用户按下回放按钮查看拍摄效果后，如不满意可按下删除按钮，使用方向键选择"删除"即可。

要注意的是，如果相机没有自动备份功能，删除掉的照片就很难恢复了，因此删除时要格外小心。

# 数码相机
## 轻松晋级

**要**拍摄一张数码照片是非常简单的一件事，只需按下快门，"咔嚓"一声即可完成，但要拍出一张好的照片就不那么容易了。一张优秀的数码照片的诞生，往往需要满足正确的曝光、最合适的分辨率、良好的取景以及准确的调焦等条件。

# 对焦

对焦是拍摄照片的基础之一，它直接关系到所拍摄照片的质量，只有准确对焦才能拍摄出主体清晰的照片，否则，将导致照片中的主体模糊不清。常见数码相机的对焦方式包括自动对焦和手动对焦两种。

## 自动对焦

自动对焦是指数码相机能自动计算从镜头到被拍摄者之间的距离，从而自动调整焦距，达到准确对焦的效果，拍摄出清晰的画面。

普通数码相机的具体操作方法是，拍摄者半按快门，待数码相机液晶屏上出现绿色的对焦框时，迅速按下快门即可。

相机的自动对焦功能可以自动准备对焦

# 手动对焦

手动对焦方式是数码单反相机上必备的对焦方式，通过手工转动对焦环来调整相机镜头内部的镜片，从而使拍摄出来的照片清晰。这种方式完全依赖人眼对画面的判断，对拍摄者的熟练程度和视力要求较高。

具体操作方法是，在使用相机的手动对焦方式时，需要将相机对焦方式切换开关拨至 MF 位置，并选择合适的拍摄位置，然后，将镜头对准拍摄主体，手动旋转镜头对焦环，直至拍摄主体画面清晰，并完全按下快门按钮，即可得到主体清晰的照片。此拍摄方式最大的缺点是拍摄速度较慢。

在手动对焦方式下，拍摄者可以根据自己的构图方式选择对焦点

# 测光

数码相机的测光系统一般是测定被摄对象反射回来的光亮度，也称之为反射式测光。测光方式按测光元件的安放位置不同一般可分为外测光和内测光两种方式。

（1）外测光：在外测光方式中，测光元件与镜头的光路是各自独立的。这种测光方式广泛应用于平视取景镜头快门照相机中，它具有足够的灵敏度和准确度。单镜头反光照相机一般不使用这种测光方式。

（2）内测光：这种测光方式是通过镜头来进行测光，即所谓 TTL 测光，与摄影条件一致，在更换相机镜头或摄影距离变化、加滤色镜时均能进行自动校正。目前几乎所有的单镜头反光相机都采用这种测光方式。

# 测光方式

## 平均测光法

平均测光法又称整体测光法，是最基本的一种测光方式，这种测光方式将被摄体在取景屏画面内的各种反射光线的亮度进行综合而获得平均亮度值。其特点是使用简单，但测光精度不高，在取景范围内明暗分布不均匀的状况下，较难直接依据测光数值来确定合适的曝光量。尤其是当画面中有大面积的白色或黑色物质时，给我们提供的往往是一个不准确的曝光值。

如果被摄体的明暗分布较均匀，而且反差不大，用平均测光法能获得良好的效果

## 矩阵测光

矩阵测光又称分区测光，是一种综合性最强的测光模式，简单来说就是把拍摄环境分成多个矩阵区域，然后分别在每个区域独立测光，然后再综合计算出最佳的曝光值，基本能在任何环境中计算出最准确的曝光量。

这种测光方式适合大多数场景拍摄，可以使整幅画面的曝光比较均匀

## 中央重点平均测光

中央重点平均测光是数码相机最常用的测光模式，是指在取景器或液晶显示屏幕画面的正中央作重点测光，画面其他区域则给以平均测光的曝光模式。这种测光模式在拍摄人像的时候最为常用，因为在拍摄人像的时候，最重要的就是需要人物的脸部曝光正常，其他地方可以不管。而拍人物的时候，这一点在人物和背景的光线相差不大的时候可能比较难体会出来，但是一旦所拍摄对象和背景的光线条件相差比较大的时候，中央重点测光的优势就体现出来了。

## 点（部分）测光

点测光仅对取景器画面中央很小的区域进行测光，完全忽略了画面中的其他区域，但是该模式依然具有较高的灵敏度和精度。

点测光方式在取景内光线分布不均而且反差很大的情况下适用。这种情况如果不用点测光，可能会造成需要表现的主体曝光不正确，太亮至白或者是太暗没有细节

# 白平衡

白平衡是指无论环境光线如何，都会被相机默认为白色，并且平衡其他颜色在有色光线下的色调。

许多人在使用数码相机拍摄的时候都会遇到这样的问题：在日光灯的房间里拍摄的影像会显得发绿，在室内钨丝灯光下拍摄出来的景物会偏黄，而在日光阴影处拍摄到的照片则莫名其妙地偏蓝，其原因就在于白平衡的设置上。

现在的大多数数码相机都具备白平衡调节功能，而且具有多种不同的模式，如自动白平衡、钨光白平衡、荧光白平衡、室外白平衡、手动调节等。

在介绍使用白平衡的方法前，我们先来看一下色温。

## 色温

什么是色温？通俗地理解，色温就是指光线的颜色。任何物体都是有颜色的，光也不例外。即便是灯光，白钨灯和荧光灯发出的光的颜色也不一样。一般情况下，万里无云的蓝色天空的色温约为 25000 ～ 27000K，多云和阴天的色温约是 6500 ～ 7000K，晴天时平均直射日光的色温约为 5400K，烛光的色温约为 1800 ～ 1930K。细心的朋友就会发现，光线的颜色偏红、橙、

黄色时，大家会将其称为低色温。相反，在光线的颜色偏青、蓝或蓝紫色时，则称其为高色温。

光线的色温和白平衡的关系很大，大家都知道，数码相机的光线自身默认设定为白色。但是因为光线并不是全都是白色的，如果没有白平衡，被拍摄对象也许无法在照片中呈现出它自身的正常颜色。所以数码相机需要在适当情况下进行白平衡调整，以此适应不同拍摄环境下的色温而不会变色。

数码相机可以通过设置白平衡模式来调整色温，以达到较为准确地还原景物色彩的目的。

高色温

低色温

# 自动白平衡

自动白平衡通常为数码相机的默认设置，可以对所有光源的特有颜色进行自动补偿，即用一个矩形图决定画面的基准点来达到校色目的。这种自动白平衡的准确率是非常高的，但在较强光线或多云天气下使用，效果会比较差，会出现较严重的偏色现象。

自动白平衡

使用自动白平衡设置拍摄的照片，色彩还原真实

## 钨光白平衡

钨光是指照明用的光，一般用于在不使用闪光灯的室内拍摄。钨光白平衡可对钨丝灯的色调进行补偿。当在室内不适合用闪光灯拍摄时，可以开启钨光白平衡。

## 荧光白平衡

荧光白平衡是指在荧光灯下做白平衡调节。荧光分冷白、暖白等多种类型，在荧光灯照明的环境下拍摄时要注意区分其类型，使相机进行最佳的白平衡设置。

在所有的设置当中，"荧光"设置是最难决定的，需要进行多次试拍，才能找到效果最佳的白平衡设置。

钨光白平衡下拍摄的照片偏蓝

荧光白平衡下拍摄的照片偏绿

室外白平衡下拍摄的照片偏黄红

# 室外白平衡

　　室外白平衡也称多云、阴天白平衡，它能将昏暗处的光线调至原色状态，解决自动白平衡在多云、阴天拍摄时的不足。

# 手动调节白平衡

　　手动调节白平衡是指采用一个基准点（一般为标准的白色）作为基准，然后进行手动调节。在进行手动调节前需要找一个不带任何偏色的白色参照物，如纯白的白纸等进行白平衡的调整。在没有白纸的时候，可以让相机对准白色的物体进行调节。

　　手动白平衡调节的具体步骤是：把相机变焦镜头调节到最大广角，然后将白纸盖在镜头上，盖严，将白平衡调到手动位置，再把镜头对准晴朗的天空，注意不要直接对着太阳，拉近镜头直到整个屏幕变成白色，接着按下白平衡调整按钮，到手动白平衡标志停止闪烁即表示调整完成。

# 曝光

　　曝光是指由光圈和快门速度决定的光量，它决定着照片的亮度，因此合适的曝光是获取高质量照片的关键。

　　在我们外出游玩时，经常看到一些非常迷人的场景，就想用相机记录下这美好的景色，可是，我们拍摄的照片却惨不忍睹，不是把原本艳丽的色彩变成灰蒙蒙一片，就是在明亮的阳光下却把主体拍得灰暗。这些情况都是由错误曝光引起的。那么，怎样才能掌握准确曝光呢？

　　准确的曝光可以最大限度地还原被摄体原本的色彩，明暗细节分明。曝光不足是指适合摄影的光量不足，通常会造成影像的暗部细节丢失，浅淡的颜色变成黄褐色，而较暗的颜色将缺乏层次感，色彩难以区分。曝光过度是指由于光圈开得过大或曝光时间过长所造成的影像失真，曝光过度会减少亮部细节，同时也会使色彩减少和减弱，细微的颜色差别也会消失，所摄影像苍白而缺乏反差。

曝光不足

曝光过度

曝光失误可造成画面细节缺失，颜色失真，模糊不清晰

　　曝光是在技术上保证一张照片能否成功的最主要因素。曝光正确的照片，颜色应是鲜艳的，影调应是鲜明的。容易引起曝光失误的常见因素如下：

　　（1）浅色景物的比例比较大。在拍摄雪地或是沙滩的时候，由于大面积都是浅色的景物，在数码相机的自动曝光模式下，可能会导致曝光过度。

　　（2）深色景物的比例比较大。如果画面中的黑色或是深色景物比较多，在数码相机的自动曝光模式下，可能会出现曝光不足的情况。

　　（3）周围有强反光物。当环境中有强反光物时，如水面或是镜子，都会导致曝光不足。

　　数码相机的曝光模式一般可以分为光圈优先模式、快门速度优先模式、手动曝光模式和自动曝光模式。

## 光圈优先模式

曝光正确要由快门与光圈完美组合才行。快门与光圈的关系成正比，一般光圈大的话，快门要快一点；快门慢时，光圈就应该适当调小。光圈优先是指由相机自动测光系统先计算出曝光量的值，而后根据你选定的光圈大小自动决定用多少的快门。

光圈对于景深的影响也很明显，当相机使用大的光圈时，景深较小，使用较小的光圈时，景深较大。

## 快门优先模式

快门优先与光圈优先的模式相同，也是先让相机自动测光系统计算出曝光量的值，之后根据快门速度自动决定使用光圈的数值大小。

## 自动曝光模式

自动曝光模式由相机自动设置光圈大小和快门速度，不需要人为进行设定，相机控制着整个曝光过程。使用自动曝光模式可以在大多数光线下完成不错的效果，但是与手动曝光模式相比，照片的艺术表现能力较弱。

自动曝光在某些特殊条件下，如黄昏、清晨，往往拍摄不出好的效果

# 手动曝光模式

　　手动曝光模式是很重要的曝光模式，一般相机上以"M"档表示。摄影者可以根据测光结果，通过手动调节光圈、快门速度调节出精确的曝光量，获得完美的成像效果。

通过手动调节光圈、快门速度等环节，可以将摄影师想要表达的主题更加完善地注入照片中，增强照片的艺术性

# 数码相机的曝光补偿

曝光补偿是通过改变光圈、快门等参数来改变照片的亮度的一种拍摄技巧。曝光补偿也是一种曝光控制方式，一般的调整幅度在 2 ～ 3EV 左右，当摄影环境的光线不足、光源偏暗的时候，可以增加曝光值来提高画面的清晰度。

EV 是英文 Exposure Value 的缩写，即曝光值。

当摄影环境光线不是很理想的时候，我们首先想到的是增加亮度，但是假如闪光灯失效，这时也可以使用曝光补偿，适当增加曝光量。例如，当摄影环境过暗，就要增加 EV 值。EV 值每增加 1.0，摄入的光线量增加 1 倍。

曝光过低

曝光补偿

曝光不足

补充一倍的曝光值

行人的衣服等白色看起来很正常，曝光正常

Tips

对于初学者而言，要注意在拍摄白色物体时谨记一个曝光补偿原则，即越白越加。

因为相机的测光常常以镜头锁定的被摄主体为依据，当被摄主体是白色的时候就会让相机认为环境很明亮，所以拍出来的照片曝光不足，因此，在拍摄白色物体时，需要曝光补偿。

　　以此类推，当照片过亮时，就减小 EV 值，EV 值每减小 1.0，相机光圈的光线摄入量减小为原来的一半。

大景深照片

# 景深

　　一般来说，当某一物体聚焦准确明晰后，焦点前后相当长的一段距离内所有景物将很清晰，而这段从前到后的距离就叫作景深。

　　从对焦点至摄影镜头前的最近清晰点为前景深，从对焦点至后面的最远清晰点为后景深，前后景深之和为全景深。景深因为光圈、焦距、与被拍摄物的距离等不同的因素变化而不同。

　　影响景深的三大因素：

　　1. 光圈

　　使用光圈大，景深窄；光圈小，景深大。如下图示，不同的光圈值有不同的景深。

　　光圈和景深成反比。

光圈：F7.1　曝光时间：1/200s　感光度：100

2．镜头的焦距

镜头的焦距，镜头的焦距大，景深窄；镜头的焦距小，景深也就变大。使用不同焦距获得的照片清晰度也不同。镜头焦距和景深成反比。

旁边两幅图采用了不同的焦距，焦距大的，景深也就变得窄了

### 3. 拍摄距离

与拍摄物距离越远，景深越大；距离越近，景深越小。拍摄距离和景深成正比。

控制景深是重要的摄影技术，假如我们熟练掌控这种技术，既可以使主体突出，将不需要的物体进行虚化处理，又可以把所有的被摄体全都清晰地展现在画面上。所以说，掌握最小景深与最大景深的获取方法有非常重要的意义。

拍摄距离 5 米

拍摄距离 35 米

拍摄距离不同，拍摄的物体成像景深也不一样

# 获取最小景深

　　获取小景深拍摄的画面，得到的效果是被拍摄主体是清晰的，而画面中的其他部分比较模糊，主体部分与模糊部分的相互对比，也就突出了拍摄主体，更能吸引人的注意力。获取最小景深的拍摄法是可以有力地突出主体的拍摄方法，对人像、静物、花卉等进行特写拍摄时经常采用这种方法。

小景深花卉照片

**Tips**

按照之前说过的影响景深的几个关键元素，获得最小景深的方法就是调整最大光圈并将摄距尽可能缩短，然后采用长焦镜头进行拍摄。

获取最小景深的方法中，尽可能地采用最大光圈是既简便又效果好的方法，这样的话既可以保证被摄体不会变形，而且具有一定的空间层次感，最终保证景深变小。

# 获取最大景深

获取最大景深时需要使用小光圈、广角镜头并向较远对焦。当摄影师获取最大景深时，其清晰度通常是由远及近都非常清晰。背景环境和前景高清晰度对拍摄环境的描绘有很大的裨益。这种拍摄方法多用在风光、商业和建筑等摄影领域。

**Tips**

获取大景深最为简便的方法是采用小光圈，可是随着光圈的缩小，曝光量也将明显减少，因此需要增加曝光时间，降低快门速度；此外，还可以使用短焦距镜头的相机进行拍摄，不过使用这种镜头需要避免画面的变形。

## 预测景深

控制景深，这对许多摄影行家来说是一件非常熟练的事情。对于并不熟悉摄像机的摄影者来说，掌握相机景深的简单操作，是一件非常重要的事情。

其实，在有些照相机上有景深预测按钮，专门用于实际拍摄中掌握景深的变化范围。当你使用长焦镜头进行近距离拍摄的时候，选择按动景深预测按钮，就可以在取景器里直接发现实际拍摄照片的模糊和清晰的范围。选择按动景深预测按钮有更多的实用价值，既可以观察景深的有效范围并且按照需求进行调定，还可以根据摄影者对于被摄主体与前后景物的虚实要求进行合理调配。

大景深风景照片

**4**

*Chapter*

摄影

## 摄影的
## 基本技术

**摄** 影是光与影的完美结合，在拍摄时需要有足够
的光线照射到被摄主体上。但是，不是有光线
就可以拍摄出优秀的作品，它还需要出色的构
图能力。一幅照片，若不具备良好的构图形式，往往无法
引人入胜，更不能尽兴地表达内容。

# 光线

照片就是光和影的艺术创作，摄影艺术是将光线勾勒到相片上的创作。要拍摄好照片，首先要掌握好光线，懂得利用光线。

光线是物体成像的重要条件

# 光线的分类

　　没有光，我们就无法看见这美丽的世界，摄影也就无从说起。在不同的光线下，所拍摄的画面效果也是不同的。那么如何利用光线来拍摄出令人满意的照片呢？这就是我们接下来要讲的问题了。

　　产生亮光的起点称为光源，摄影光源是指提供摄影用的光线的来源，分为自然光源和人工光源两大类。

## 自然光

　　自然光是指以太阳为光源照射到地球上的光线，包括直射光和天空光，阴天、下雨天、下雪天的天空的漫射光以及月光、星光和室内没有人工照明情况下所见到的光线。自然光的强度和方向是不能由摄影者任意调节和控制的，只能选择或等待。

拍摄人像的最佳时间应该是少云的晴朗天气。这时的光线充足而柔和，光比适当，拍出的照片明快而自然

季节、天气、时间是影响自然光线变化的主要因素。在一天当中的各个时间段里，早晨和傍晚是拍摄照片的黄金时段。

## 人造光

在室内摄影中，人造光是摄影常用的光源，它具有使用方便、灵活的特点，其光照强度、照明方向、照明高度、照明距离、光线色温等都可以由摄影者调控。人造光包括闪光灯、聚光灯、泛光灯、反射灯等。

室内人造光拍摄

（1）闪光灯。闪光灯是摄影中最常用的光线，可以在短时间内发出很强的光线，多用于光线较暗的环境中，具有瞬间照明和局部补光的作用。

（2）聚光灯。聚光灯可以投射出方向性强、照度强的光束，可以产生很高的高光区和鲜明的线条以及阴影区。

（3）泛光灯。泛光灯是一种可以向四周均匀照射的光源，它的照射范围可以任意调整，非常方便。

（4）反射灯。反射灯是把光线直接射向反光板等具有反光效果的物体上，再由反光物体反射到被摄主体上。

人造光不受时间、天气等外在的条件制约，可以自行调整光照强度与范围

## 混合光

混合光有效地结合了自然光线与人造光线。在自然光线不足的情况下，使用人造光可以进行必要的补光，为画面创造独特的效果。简单来说就是将不同类型的光线相互结合成一种单一的光线。

**Tips**

**光的特征**

所有的光，无论是自然光还是人工光，都有其共同特征：

1. 明暗度。明暗度表示光的强弱，它随光源能量和距离的变化而变化。

2. 方向。只有一个光源，方向很容易确定；而有多个光源如多次大气的漫射光，方向就难以确定，甚至完全迷失。

3. 色彩。光随不同的本源，并随它穿越的物质的不同而变化出多种色彩。自然光与白炽灯光或电子闪光灯作用下的色彩不同，而且阳光本身的色彩，也随大气条件和一天时辰的变化而变化。

# 光线的性质

### 直射光

天空晴朗的时候，阳光不会遭遇任何遮挡而直接射到被摄者身上，对于受光的一面来说，影调明亮，而没有直接受光的一面就会形成明显的阴影，这种光线被称为直射光。直射光的塑形作用很明显，在受光面和不受光面之间进行对比，有非常明显的反差，因此利用直射光很容易产生立体感效果。

### 散射光

多云或者阴天的时候，阳光被云层遮挡，这时不能直接射向被拍摄对象，光线产生散射作用，这类光线统称为散射光。散射光所形成的受光面及阴影面的明亮对比不明显，所以可以造成柔顺平淡的效果。

# 光线的作用

（1）照明被摄主体，这是光线最基本的作用。没有光线，我们也就看不到任何物体，更不可能拍摄下来。

（2）传递被摄信息，通过光线的照射，可以将被摄体的形状、质感、色彩、体积以及大自然的状态等展示出来。

（3）形成明暗构思，不同的光线会形成不同的影调和反差，强烈影响到图片的视觉效果。

（4）决定画面的氛围，通过光线的变化，引起人们心情的愉快、沉闷、伤感等审美感受。

照明被拍摄主体

明暗构思

# 光线的方向

在同一种拍摄光线环境下，针对不同方向投射来的光线可以拍摄不同的效果。所以，熟记不同的方向光线的作用，对拍摄的影响意义重大。

## 顺光

以被拍摄对象为主体，从被拍摄对象的正面照射而来的光线叫作顺光。顺光条件下，被拍摄对象阴影面积不大，整体的影调明快不低沉。这种光线造成的明暗反差较小，但是因为没有立体感，所以显得过于平缓，没有强烈的造型力量。

利用良好明亮的光线来突出主体，这是拍摄时需要注意的地方

利用逆光或是侧逆光等，可以塑造人物的线条和轮廓。使用逆光拍摄时，可以塑造出一种特殊的剪影效果

逆光效果能将事物的轮廓勾勒得更加清晰

## 逆光

　　逆光与顺光相反，就是从被拍摄对象的背后射来的光线。在逆光中，相机处在光线的前方，而被拍摄对象却绝大部分处在阴影之中。被拍摄对象的具体面貌难以看清，影调也比较阴沉。不过逆光可以勾画被拍摄对象的侧影以及大致轮廓，而且明暗的对比形成极大反差，更具有艺术效果。

这张图片采用顶光和侧光，光线双重补充，完美地勾画出了人物轮廓

## 顶光

光线从被拍摄对象的上边而来就称为顶光。在拍摄时，运用顶光的效果是在被拍摄对象上造成非常明显的阴影，尤其是在拍摄人物照片的时候，会将人物脸部的鼻下、眼眶等部位处罩上浓黑的阴影。这种光线的塑形作用一般用在特殊人物中，既可以表现被摄对象的坚毅、神秘，也会塑造出一种冷酷、残忍甚至丑陋的表达效果。

图中采用底光，在水面创造出波光粼粼的效果，为照片整体增添神秘感和韵律感，而人物的脸部大部分比较阴暗，更有神秘感

## 底光

底光与顶光的光源位置相反，光线来自于被摄物的下方。这种光线的作用是创造怪异和戏剧性的效果，所以在一般摄影场合应用不算太多。

一般来说，45°侧光可以产生非常好的光影效果，可以将被拍摄对象的主体结构表现出来。所以，运用45°侧光被看作是"自然"之光，尤其是用在人物肖像的照片上。如果使用顺光过度，有时候会将人物的脸部曝光过度，效果失真

## 侧光

侧光的光源来自照相机左侧或右侧。这种光源让被拍摄对象的一半受光，另一半处于阴影中，这样的光线让画面的影调趋于温和，虽然不是太明快，但是也不会太阴沉。

## 侧逆光

来自照相机的左前方或右前方的光线叫作侧逆光。处在侧逆光的被拍摄物体会产生小部分受光面和大部分的阴影面，因此影调相对侧光的光线更为低沉，但是立体感要强一点。

这幅图片虽然除了侧逆光之外还
有其他散射的自然光线，但是仍
然以侧逆光为主

# 巧用光线

熟练运用光线可以达到烘托主体、营造情感以及渲染气氛等效果，是获得优秀作品的关键。

## 利用光线形成高调照片

高调照片的色调是以白色为主。画面大部分是淡色调，给人以清纯、明朗的感觉；但并不排斥采用少量的深色调，恰到好处的一抹深色调往往能成为画面的视觉中心。拍摄时常用正面光或散射光，适合表现以白色为基调的题材。

利用光线拍摄高调照片时应注意以下几个方面：

（1）在自然光下拍摄高调照片，以薄云无影的晴朗天空最理想，顺光拍摄，以明亮的天空作背景，会充分显示高调照片的明快、清爽的情调。

（2）通过调整灯光角度来避免更多的投影出现。因为画面的投影过多会使画面杂乱，因此拍照时灯位不宜过高，灯具左右角度也不宜过大。

（3）拍摄人像时，被摄者要穿白色或淡色服装。拍摄自然景物时也要选取浅色调的景物。主体和背景的色调和色彩应尽量接近。还要注意人物的姿势。拍照时，人物姿势尽可能要简练、自然、大方，因为复杂的动作往往会带来一些不必要的投影。

高调照片的特点是愉悦、明快、淡雅、轻快、向上。它比较适合少女、儿童或某种生活环境下的人物外貌形象

拍摄高调照片通常以顺光为主，其画面明暗反差小、光差变化不明显

（4）选择浅色或白色的背景，在室内可用浅灰、白色的纸或布作背景。拍摄时注意消除强光投射到背景上形成的阴影，以保证画面的洁净。

（5）在室内拍摄高调人像，照明宜用散射光，以均匀的顺光拍摄，光比尽量要小，控制在1.5：1至2：1之间，如果得不到这样的光比，影调必然偏低而缺乏高调的意味。减弱光比的办法最好是用反光伞或反光板。

### 利用光线表现物体质感

物体质感是指物体表面的纹理以及构造组织的不同属性。不同的物体质感会给人带来不同的心理感受，比如玻璃的剔透、金属的坚实沉重、水的润泽、冰的寒冷，都可以通过光线来细致地刻画它们不同的性质和纹理。

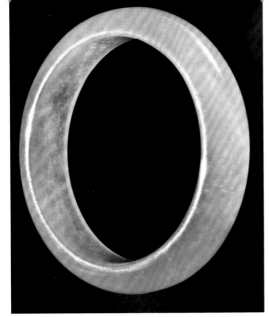

不同光线的特性与方向能改变质感的外观

不同环境中的光线，如森林、海滨、草原、沙漠等，因周围物体对光线的吸收和反射的情况不同，可使画面呈现不同的环境特征，具有浓郁的生活气息

调整拍摄角度或加偏振片来避免画面模糊，以及出现光斑的情况

## 利用玻璃的透射和反光

　　玻璃制品不但透明，而且还会反射出明亮的光斑。如用前侧光照明，大部分光线会透过物体，只有一小部分被反射，不管运用什么背景和色彩，玻璃物体只能隐约可见。所以合理利用玻璃的投射和反光可以让作品富有光彩和魅力，能给人一种清澈、明亮的感觉。学会利用玻璃的透射和反光是拍摄水平的重要体现。

# 色彩

我们之所以能够看清物体以及各种缤纷的色彩，是因为光线照射到物体上，再由物体对光线进行反射或透射之后，刺激人的视觉而形成的。

不同的色彩组合可以带来意想不到的效果，下面就讲讲色彩在拍摄中的运用。

正确地运用色彩的冷暖关系，能够营造不同的环境氛围，让观看者身临其境，使作品更容易获得共鸣

## 色彩的冷暖对比

色彩的冷暖涉及个人生理、心理以及固有经验等多方面因素的制约，是一个相对感性的问题，是互为依存的两个方面，主要通过它们之间的互相映衬和对比体现出来。

色彩的冷暖感觉是人们在长期生活实践中由于联想而形成的。它是人的视觉、触觉以及心理之间产生的一种类似条件反射的潜意识。如红、橙、黄色常使人联想起东方旭日和燃烧的火焰，因此有温暖的感觉，所以称为暖色；蓝色常使人联想起高空的蓝天、阴影处的冰雪，因此有寒冷的感觉，所以称为冷色；绿、紫等色给人的感觉是不冷不暖，故称为中性色。色彩的冷暖是相对的。在同类色彩中，含暖意成分多的较暖，反之较冷。

## 色彩的和谐统一

　　色彩的和谐是指整个画面的色彩配置，不但要统一、协调，还要完整、悦目。这是通过色与色之间的合理配置、颜色与颜色之间的相互关系的安排来完成的。

不同的色彩带给人不同的感
受，利用颜色之间的不同特性，
合理搭配，使色彩和谐统一，
可以达到赏心悦目的效果

## 色彩基调的统一

　　在拍摄彩色照片时，要根据主题思想的需求来确定色彩的基调。基调对于烘托主题思想，表现环境气氛，传递作者的情绪、思想和意境，起着很重要的作用。

每一幅作品都有一个主
题，不同的色彩可以烘托
不同的主题

### 色彩的调和

色彩由于亮度和饱和度的不同，形成了从明到暗、从浓到淡的多种色阶的变化，利用多种变化的色阶，也可以调和色彩。

在色彩的搭配上，色彩浓艳、亮度低的颜色要与色彩浅淡、亮度高的颜色交错使用，这样可以避免颜色单一、缺乏变化的情况。

在色彩的布局上，要对色彩的数量及面积做出合理安排，使之均衡，不能相差太大，这样可以让画面看起来比较平衡和完整。

另外，色彩要分主次，要以一种色彩为主，其他色彩只能起辅助作用。如果一幅画面只有一种色调，则会显得比较单调，如下图。

此作品绿色面积过大，破坏了画面的色调平衡性，同时色彩单调，没有使画面活跃起来

### 色彩的照应

色彩的照应就是在一幅作品中，为了求得色彩的全面和谐，还要照顾色彩之间的比较与照应关系。在搭配色彩的时候，要考虑色彩之间的关系，不能有明显的冲突。通常应将亮的色彩和暗的色彩、暖的色彩和冷的色彩、强烈的色彩和柔和的色彩的色量和比例关系结合在一起来考虑。

此作品色彩搭配合理，亮与暗、冷与暖比例较和谐

# 学会摄影中色彩的应用

## 追求和谐的相邻色

按照光谱中的顺序，相邻的颜色就是相邻色，比如红色和橙色，橙色和黄色，黄色和绿色，蓝色和紫色。这些相邻的色彩搭配在一起，会让人感觉到和谐稳定。

## 对比强烈的互补色

所谓互补色指的是如果两种色彩用恰当的比例混合以后就产生白色的感觉，那么这两种颜色就被称为互补色，比如绿色和品红色，黄色和蓝色，红色和青色。互补色对比非常强烈，当画面中的景物主要色彩呈互补色时，就会给人带来醒目、艳丽、明快、跳跃的感觉。

运用互补色来辅助构图，根据主体的颜色来选择互补的色彩背景，可以让主体更加突出。色彩的纯度越高，相对色之间的对比越强烈，视觉冲击力就越大。如果想要画面色彩和谐的话，就要避免色彩对比太过，这样可以减少生硬和强烈的感觉。

把互补色放在一起会产生强烈的对比效果，让画面充满活力

红色色调给人带来温暖的感觉

**暖色调给人温暖的感觉**

暖色调是由红色、橙色、黄色、橙黄等色彩构成的。这些色彩能给人带来活泼、愉快、兴奋的感受，因此利用暖色调来构成画面，可以给人留下温暖的印象。

## 冷色调给人平静的感觉

冷色调是由绿色、蓝色、黑色等色彩构成的。这些色彩给人带来高雅、清爽的感受，利用冷色调构成的画面，可以给人留下寂静、开阔、雄伟、神秘的印象。

冷色调表现自然风光的景象，可以烘托孤独的氛围

# 构图

在刚接触拍摄的时候，没有多少人会认真考虑构图和取景，所以很多人即便是在风景如画的美景中，摄影出来的照片也没有想象中的美观大方。

难道拍摄就是把主体放在中间，对准主体"喀嚓"一声按下快门就了事的吗——谁如果还一直保留着这个想法，谁就永远学不会拍摄。

玉兰

构图是一个细致的过程，没有构图就没有好的作品，所以在拍摄前要有自己的构图思路，这样才不会盲目地去拍。

# 构图的目的

　　好的摄影作品必须要有灵魂，而作品的灵魂来自于拍摄者的构图。这就是构图的目的，即把构思中典型化了的人或景物加以强调、突出，从而舍弃那些一般的、表面的、繁琐的、次要的东西，并恰当地安排陪体，选择环境，使作品比现实生活更高、更强烈、更完善、更集中、更典型、更理想，以增强作品的艺术效果。总而言之，就是用构图把一个人的思想情感传递给别人，如下图。

摄影构图的主要元素如下：

## 主体

主体是照片的主要表达对象，是这幅照片的主要内容的体现者。主体是一幅照片的灵魂，承载着照片的主要精神实质。所以，一般讲构图，都是以照片的主体为前提的。主体在画面中所占的位置、所占的基本比例、所占的面积是主体构图的基本考虑内容。

主体就是图片的
主要表达对象。

喧宾夺主，主宾不分

### 陪体

陪体在画面中主要是用来衬托主体的作用、位置等，与主体关系密切，起到辅助主体的作用。有的时候照片处理不好，主体的主导地位也会被陪体所取代，造成喧宾夺主的局面。

### 环境

环境指主体周围的事物、景观等，环境的作用是辅助说明主体，交待主体所处的情况，并具有一定的暗示作用。环境中按照前后的位置还可以分为前景和后景两部分。

前景：在画面中位于主体的前方，但是整体位置、重要性都没有超越主体的景物叫作前景。前景可以吸引人们的注意力，增强空间感和画面透视感，并且还可以渲染环境、与主体进行对比和连接，有助于更深刻地理解画面的主题思想。

后景：在一幅照片中位于主体之后并且起到渲染、衬托主体作用的景物就是后景，也称背景。背景在画面中作用要更加重要，一般人们为了突出主体，都要将背景虚化，但是如果需要使用背景的环境交代功能，人们依然可以发现背景的渲染、衬托作用十分明显。

**空白**

在画面中，属于实体图像之外、能够起到衬托作用的背景景物都可以叫作空白。
空白都是那种景调单一、色调相似的属于实体部分之外的景象，比如天空、水面、墙
壁等都可以叫作空白。空白的作用是可以营造意境，使画面凝练，显得不呆板。

天空、白云等等，都可以看作是空白

# 构图规则

任何优秀的摄影作品都有着引人注目的视觉效果，这些作品内不同元素之间的关系通常较为平衡、协调。此外，优秀作品内大都还具有令人惊讶和充满活力的内容，而正是这些"动态"元素增强了图像的张力和效果。

## 主次关系

所谓的主次关系，就是画面中的主体和陪体以及衬体之间的关系。主体在画面上既然起着表现主题的作用，是整张照片的核心，也即通常所说的焦点，其他任何景物只能起烘托和陪衬主体的作用。因此在构图时有意突出焦点便显得尤为重要。通常来说，构图时将拍摄主体放置在作品内的显著部分或扩大其显示比例是突出焦点的常用手法。但是，焦点有时并不能完全取决于拍摄者，如含有人物的照片，无论拍摄者如何构图，观看照片的人都会将其当作心理焦点，如下图。

## 明暗关系

　　画面中的明暗对比往往能够在视觉上给人一种活泼的感觉，而且在颜色比较少时效果更加突出。在此类场景中，过多的暗调（或较深的色彩）会给人一种压抑的感觉，太少则会显得不够沉稳。

利用红花绿叶这样浓艳的颜色来构成巨大反差，可以突出焦点

## 色彩搭配

较为常用的色彩搭配方法是使用黄色和紫色、红色和绿色、橙色和蓝色、黑色和红色等差别较大的颜色进行搭配。在构图时，当上述颜色对相互靠近时，能够构成和加强作品的焦点，突出主体。

## 线条与节奏

场景内的线条可以增加画面的节奏和动感，突出主体，达到吸引观赏者注意力的目的。垂直和水平线条往往能够表达出分割、比例和顺序感，而曲线和斜线则会为作品添加一些其他的效果。

# 基本构图

摄影构图从来没有达到完美的说法，只能精益求精，才能更美；摄影构图也没有对与错之分，只有构更好的图才可以称得上接近完美。但是摄影构图也是一次允许摄影者表达主观意愿的机会和方式，也是一种艺术的再次构思。

拍摄需要构图，没有构图的拍摄缺乏完整的艺术生命。通过摄影机小小的取景器，一个有想法有艺术思考能力的摄影师就会开始考虑主体、背景、前景、色调、站位等。只有成功的完美的构图才能让一张照片更有生命力！

## 九宫格构图

九宫格构图是常见的构图方法之一。一般人们的基本构图方式是在画面的左、右、上、下四个边上分成三等份，然后再用四条直线连接起来，横直各两条线的交接处就像围棋棋盘一样，将被摄物的重心放在这些交叉点上，这种构图方式就是九宫格构图。这是让人类视觉最稳定的一个状态，看起来就像是井字一样。

**Tips**

摄影构图不能生搬硬套，九宫格构图方法也并不仅仅在交接点处放置被摄物重心，也可以将 4 条线条的随便一条线作为构图主轴，一样相当漂亮。

## 对角线构图

对角线构图就是将被拍摄景物摆在画面的对角线的位置上，利用对角线的几何美感来带动画面的视觉延伸，这种构图方法新颖而可操作性强，非常实用。

对角线构图功能使画面新颖并有张力

横幅画面会显得竹林更加茂密，竖幅画面则会显得挺拔

## 垂直线构图

　　垂直线构图是利用垂直线将画面按照比例进行划分的构图方式。一般适合于表现高大挺拔的物体，以凸显其高耸的特点，如拍摄建筑、树木、瀑布等，能给人以庄严、崇高的感觉。拍摄树木和瀑布时，若想呈现自然的线条效果，可利用垂直线上下的延伸感使画面更紧凑。同时，改变连续的垂直线的长度，也可以体现出节奏感。

## 水平线构图

水平线构图是根据画面中的横向线将画面按照适当比例划分的构图方式，用于显示场面的宽广、宏伟，能够让画面产生一种宁静、宽广的感觉，多用来拍摄宽广的高原、海面、日出、日落等场景。拍摄时，如果把地平线放在整个画面的三等分线上，拍摄出的照片就会极具平衡感，整体效果也会十分和谐。如果画面中只有单一的横线，会显得平稳宁静，而多条横线的组合则会使画面显得生动有趣。

水平线构图让画面显得比较平静

## 曲线构图

在构成画面的主导线为曲线的时候，可以选用曲线造型进行取景构图。曲线构图包括 S 型、C 型、流线型等。曲线构图具有柔和的艺术效果，能够给人以流畅、舒畅、连绵不绝的印象效果，更加赏心悦目。

C 型构图

C 型构图

## 三角构图

三角形是由画面上三个点或三条线构成的，在结构上非常牢固。因此，三角形构图能营造出一种安定感，给人以稳定而无法撼动的印象。这种三角形可以是正三角、斜三角或倒三角，其中斜三角较为常用，也较为灵活。三角形构图具有安定、均衡但不失灵活的特点，是最常见也是运用最多的一种构图方式，多用于拍摄山峰或者建筑物。

除了上述的方法外，还有其他一些固定画面的方法，比如让人物呈直角形坐在草地上、沙滩上或者长凳上，让整个画面形成了特殊的构图美感。这种构图方法如信手拈来一般随意，但是又符合人们的审美要求，非常难得。

## 对称式构图

对称式构图法一般有两个主体，这两个主体相互呼应，适用于具有对称式结构的景物、建筑物等。在拍摄特殊型景物、古典建筑时使用的大多数是这种对称式构图法。

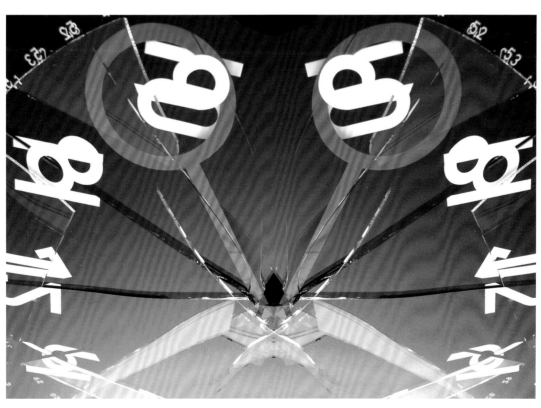

### 框架式构图

框式构图就是在画面主体或需要强调部分的前面，选择一个相对完整的"框"，比如可利用门、窗、洞口等形成框架式构图，前景中的框架可以起到视觉引导作用，使画面中的主体更加突出，还可以产生一种透视效果，加强画面的纵深感，让画面更有层次。

框架式构图

框架式构图

## 隧道式构图

　　隧道式是一种类似于隧道，周围很暗，中央很亮的画面构图，它可以给人带来集中力和沉稳感。隧道式构图一般用于表现悬崖、高石等能够产生强烈对比、具有集中力的物体，能够让画面更有聚拢感；同时可以产生较为明显的反差，让画面具有视觉冲击力。

隧道式构图

## 中央构图

　　中央构图法就是将唯一的主体放于画面的中心位置，突出主体，有的要虚化背景，从而使画面更有集中力和视觉冲击力，主体更加突出。

摄影者采用中央构图
法，将主体景物放在最
中间的位置，使得主体
景物非常突出

棋盘式构图方法

## 棋盘式构图

　　棋盘式构图是指在构图时使被摄体像棋盘中的棋子那样排列于画面中。这样的布局形式随意而又不失节奏感，并且画面内容丰富饱满，有很强的趣味性。但应注意，如果纳入画面的景物过于繁多，会使画面凌乱，从而缺失了美感。

# 角度

拍摄角度包括拍摄高度、拍摄方向和拍摄距离。在拍摄现场选择和确定拍摄角度是摄影师的重要工作，不同的角度可以得到不同的造型效果，具有不同的表现功能。

## 拍摄高度

高度不同，视角也大不相同。摄影也是这样，同一个物体，站在不同的角度去观看，所呈现的形状也大不一样。每个物体都有其最美的一面，摄影就是要找到最合适的角度去拍摄，把物体最美的一面展示给观者。

平拍展现真实的视野

### 平拍

平拍是以我们平常的视线为依据，与被摄对象处于同一水平线的一种拍摄角度。用此角度拍摄，可以让画面显得非常真实，还有一种亲切感。

### 仰拍

仰拍是从低处向上拍摄。适于拍摄高处的景物，能够使景物显得更加高大雄伟。仰拍在透视上的变形也会产生视觉冲击力，增添画面的张力。

仰拍树立高大形象

### 俯拍

俯拍是从高处向下进行拍摄。画面会因为透视的变化而显得更有立体感和层次感，整体给人以一种深远、辽阔的感受，展现出宏伟的气势。

俯拍让画面视野更广阔

## 拍摄方向

拍摄方向是指以被摄体为中心，在同一水平面上围绕被摄体四周进行拍摄。通常分为：正面角度、斜侧角度、侧面角度、反侧角度、背面角度。

### 正面角度

正面角度是指被摄体正面的拍摄位置，主要表现被拍摄体正面的形象。例如建筑、人像等的正面拍摄。

### 斜侧角度

斜侧角度是指偏离正面角度，或左、或右围绕被拍摄体的拍摄位置，主要表现被拍摄体斜侧面的形象特征。

### 侧面角度

侧面角度是指与被拍摄体侧面成垂直角度的拍摄位置，主要表现被拍摄体的侧面具有的典型形象。例如在人像摄影中，侧面角度能看清人物相貌的外部轮廓特征，使人像形式多样变化。

### 反侧角度

反侧角度是指由侧面角度环绕被拍摄体向背面角度移动的拍摄位置。与常用的正面、侧面、斜侧面角度相比，它具有出其不意的效果，往往能获得很生动的形象。

### 背面角度

背面角度是指从被拍摄体的背后方向拍摄的位置。这种拍摄位置很少用到，只在一些特殊的情况下才采用。背面拍摄能显示出被摄体的背面特征和引导观众的视线向纵深发展。在选择背面方向拍摄时，一定要注意被拍摄体的背面要有特点。

# 拍摄距离

拍摄距离指相机和被摄体间的距离。在使用同一焦距的镜头时，相机与被摄体之间的距离越近，相机能拍摄到的范围就越小，主体在画面中占据的位置也就越大；反之，拍摄范围越大，主体显得越小。通常根据选取画面的大小、远近，可以把照片分为全景、中景和近景。

## 全景

在拍摄时常使用全景来表现景物的全貌。全景具有广阔的空间感，能够充分表现画面中的事物关系，在表达画面信息时也更具完整性，主要运用于自然风光的拍摄。

全景获取完整景象

## 中景

中景的范围介于全景和近景之间，能更好地突出主体。在拍摄时，通常利用中景来突出刻画画面的重点内容，这样能将重点完整地展现，又能让画面主次分明。

## 近景

近景特写局部，将其特点放大，引起观者注视，画面会更具有视觉冲击力。使用近景拍摄时需要注意，由于景深浅、内容少，所以可以多变化角度进行拍摄，以避免画面过于死板。

中景突出刻画重点

近景特写局部特征

# 5

## 数码摄影之

## 人物摄影

**人** 是社会生活的主体，也是摄影艺术的主体。在人物摄影的创作中，要将被拍摄人物的特点表现出来，以形写神，形神兼备。

# 人物摄影要素

　　人是社会生活的主体，也是摄影艺术的主体。拍摄人像，是摄影的主要任务之一。

　　在人物摄影的创作中，要将被拍摄人物的特点表现出来，以形写神，形神兼备。这就要求摄影师能够抓好人物的神态、姿态等特点，将人物生活的状态传神表达出来，不能一味地就人照人，要将人物表现得比真实的人物更美、更生动、更加有韵味。所以，在实践中应注意掌握以下几点：

## 选择合适的镜头

　　人像摄影一般采用标准镜头，并且要保持一定的拍摄距离，因为距离太近，就容易变形，失去原来的美观效果。

## 把握脸部表情的处理

人物的情绪一般可以从脸部表情及神态表现出来，要想反映出人物的精神风貌，必须学会迅速掌握被拍摄人物的表情神态，从而将摄影师的摄影技巧自如地发挥出来。

### 选用合适的姿势

在人物拍摄中,被拍摄对象选用什么姿势,站在什么地方,手放在哪里,两腿应该如何摆放,这都是一些不能忽视的细节。拍摄时要留心观察,并且留心积累经验,这样才能拍出更好更美的图片。

干净清澈的眼神和洁白的衬衣、绒毛的床单相
结合，衬托出一种圣洁的意境，而手部的处理
自然，没有成为抢镜头的焦点

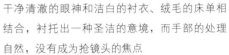

美丽的背景图
案和俏丽的人
物，加上可爱
的肢体动作，
让照片整体更
加俏丽动人

孩子的肢体动作和表情完美结合，使得照片内容更加丰富

### 要注意肢体语言的运用

肢体语言，尤其是手的动作，一定程度上可以表现出人物的心理状态。因此，作者在拍摄人物时，被摄人物的表情和肢体动作、姿态要保持一致，这样在表达人物情绪的时候避免了呆板，不会出现不一致的感觉，自然大方。总之，各种姿态都要有助于表现人物的精神面貌。

逆光塑形作用明显

### 选择合适的摄影用光

    生活人像摄影的最佳用光应该是自然光，但是有时候为了塑形或是补光的需要，也要以闪光灯辅助拍摄。

    根据前面学到的知识，摄影用光也因为光的照射方向不同而分为顺光、侧光、逆光、散射光等。不同的光有不同的效果，顺光使被摄人物受光面变大，但是明暗反差并不明显，没有立体感塑形。

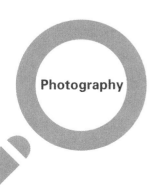

**Photography**

侧光使人物轮廓鲜明

侧光、逆光使被拍摄人物受光面变小，造成较大的明暗反差，因此影调的高低对比强烈，能表现出人物的立体感。如果想要获得更好的效果，想要补光的话，就要使用闪光灯、外界照明灯等。

# 人物摄影角度的选用

人物拍摄的角度选择也是凸显人物特点的方法之一。如果正确选用，还可以将人物的瑕疵掩饰掉，让人物更加完美。

拍摄人物使用的角度一般采用正面、侧面、斜侧面、背面等几种。在选用这些角度时，要根据人物自身的特点和当时的拍摄环境来选择，这样才能为人物造型增添更多的吸引力，让你的人物摄影更有观赏性。

## 正面拍摄

正面人物拍摄是最常见的人物拍摄手法，这种拍摄方法非常普遍，而且具有极强的塑形效果，可以将人物的整体相貌、特点等表现出来。但是这种手法不利于掩饰被拍摄人物的一些缺陷，如眼睛小的人会被正面看到，脸型稍胖、颧骨较高的缺陷也会被发现。

正面拍摄时，对人物的综合表情的表达方式提出了更高的要求。对于一些面部微小的表情也要做好调整，将人物的最佳一面展示出来。

**Tips**

使用正面角度进行拍摄时，既要照顾好被拍摄人物的特点，也要通过精心构图，将人物的优良特点体现出来。

 小女孩俏皮可爱，而丰富的面部表情和天真可爱的动作也为这张人物摄影增色不少

"
摄影师在构图时将白色
的基调和人物的肤色相
互映衬，再加上美丽的
脸庞和清丽的眼神，让
整体人物显现得更加妩
媚动人。
"

## 侧面拍摄

侧面拍摄将摄影机和被摄对象
间位置调整为 90°角，这种拍摄方
法适用于脸部轮廓明显、人物形象
更加鲜明的人物，能表现人物的整
体形态，对人物的神情、形态的要
求更高一些。在构图时也须费些心
思。

**Tips**

侧面拍摄为摄影者提供了更
多的拍摄角度选择，摄影者可以
根据需要，选择最佳的拍摄位置。
而且侧面拍摄手法让人物更具有
神秘感，可以让整体画面表现出
一种静谧感。

*Photography*

# 斜侧面拍摄

　　斜侧面拍摄的角度介于正面和侧面摄影之间，拍摄角度选择范围很大，既可以体现人物的轮廓和脸部曲线，又可以将人物的正面特点体现出来，使人物拍摄更具变化。斜侧面拍摄往往对正侧面的形象改变不大，但是可以在正、侧角度范围内进行选择，这样既能表现对象正面或侧面的形象特征，又有利于被拍摄对象进行丰富多样地表达，很容易收到形象生动的艺术效果。

# 背面拍摄

背面摄影是人物摄影的偏门，背面摄影的使用范围不大，使用背面摄影的作用一般是为了突出人物的玲珑曲线。

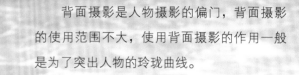

> "
>
> 背面摄影因为将人物的主要表情和面貌省略，所以不能单一地表现，可以将人物和风景联系在一起，人物和美丽风光相互借鉴，融为一体。
>
> "

有的摄影师喜欢将
不同的拍摄角度结
合，比如将背面摄
影和侧面摄影相结
合

146

# 人物摄影的拍摄距离选择

　　拍摄距离指相机和被摄物体之间的距离。在使用同一焦距镜头时，相机与被摄体之间的距离越近，相机的景深范围也就随之越小。有的时候人们根据画面的大小、远近，把所拍摄的人物分为全景、近景和特写。

# 全景

全景镜头一般将被摄体全部包括进去，假如被摄体是一个人，那么他或她的身体应该全部都在镜头里。这是全景镜头的主要特征。

# 近景

　　近景在选取人物表现范围的时候，主要以表现人物胸部以上或者人物局部面貌为主。近景图片可以剔除不必要的表现内容，而且可以突出人物的特点，表现人物不同的特色。在表现人物或者描绘景物的时候，人物或景物在近景画面中几乎占据三分之一的数量。近景画面对于人物的表现非常细致，比如说近景特写可以将人物的面部特征、神态、动作等细微表现体现出来，可以让图片更深刻、更富有内涵。

　　人们往往只拍大人和风景的近景照片，其实小孩子的近景照片更有情趣，更吸引人。

# 特写

特写是一个广泛的用语，不只是用于摄影，也常见于文学、电视摄像等。摄影范围内的特写，一般指拍摄人像的脸部、被摄景物的一个局部的拍摄镜头。使用特写镜头需要运用一定的技巧，如果运用得当，就可以集中突出被拍摄对象的特点，给人以深刻的印象。特写可以集中地、精细地描绘被拍摄对象，是一个非常重要的摄影方式。

特写镜头经常用于儿童写真、美女写真等人物摄影，这种拍摄方式的优点是可以集中表现人物的特点，比如下面两幅婴儿摄影，基本上全部应用特写镜头，看看别的摄影师是怎样使用摄影镜头的吧。

在拍摄美女时，使用特写镜头也是常用的手法，正是特写镜头的灵活运用，才可以将我们的模特的优点体现出来，这是非常值得尝试的手法。

这张照片将模特的面部进行特写处理，白色的环境图案和安静的神情，让人联想到睡美人的意境

# 人物摄影中的自然光线利用

自然光线不受人为控制，而且不确定因素太多，最佳的拍摄光线是可遇不可求的，但是我们可以通过人为的补光来控制拍摄场景中的自然光线。例如，当背景较暗而人物主体光照较亮时，可以利用反光板对光线进行一定控制，通过反光板把自然光反射到构图中较暗的区域，在距离主体不远的地面阴影处，补主体背光。具体做法是将黑色反光板挡在被摄者的头上，达到提高背景亮度的效果。但是，需要相应调整光圈和快门速度，否则会造成人物主体处在阴影中。

下面具体介绍用数码相机在自然光下进行人物摄影的技巧。

（1）拍摄时，应尽量让画面光照小些，争取得到画面光照范围均匀的照片。

（2）不要执着于寻找完美的拍摄环境，不要让背景喧宾夺主。

（3）在选择拍摄环境时，先选择光线能照射到脸部的地方，然后再看周围的景致是否能达到拍摄效果。

（4）要充分利用边界光，在阳光与阴影的交界处容易得到照亮人物的头发和轮廓的边界光，使拍摄的人像更有立体感和活力。

（5）用光要谨慎，确保脸部用光干净，正确曝光。

（6）在寻找拍摄地点时，好的拍摄地点不仅要让光能照到人物的脸部，而且要照到人物的头发、背景和画面的边缘。

Tips

**红眼的处理**

红眼是指当闪光灯照射到人眼的时候，瞳孔会放大以让更多的光线通过，而视网膜的血管就会在照片上产生泛红现象。

虽然一般的数码相机都有"减轻红眼"的功能，即让闪光灯在正式闪光拍摄前的瞬间发出强光或一系列的预闪光，迫使人眼的瞳孔收缩，从而减轻红眼现象，但效果不一定明显。

还有一种方法是使用外接闪光灯，将闪光灯移到人物旁边，来消除或者明显地减少闪光灯带来的红眼现象。还可以将照片传入电脑，使用 Photoshop 等图像处理软件对红眼进行处理。

# 人物摄影中的常用姿势

## 站姿

　　站姿是最基础的姿势，通常需要身体其他部位的配合，特别是拍摄女性照片时，一定要注意身体其他部位的变化，这样才能够表现女性凹凸有致的身体曲线，为画面增添活力，避免正面直线站立及双臂、双腿平行，因为这样会显得呆板缺乏活力。

# 坐姿

坐姿的样式也有很多变化，如腿部一曲一直的坐姿，单腿翘起的侧面（正面）坐姿、盘腿坐姿等姿势，主要是下半身的变化，再配合手部、腿部、脚部的姿态变化，很容易就能创造出妩媚的姿态。

# 躺姿

　　躺姿一般有正面躺姿、侧面躺姿和依靠环境的躺姿。正躺能够展示人物的体型或面部细节，侧躺则能够展现人物的身体曲线。

　　拍摄时要注意手部的摆放位置，以丰富画面的线条变化。下巴略微抬起，让脸部轮廓更加清晰，避免"双下巴"的出现。

**Tips**

**连拍的使用**

　　恰到好处地把握好按快门的时间需要大量的练习和足够的经验，为了不遗漏宝贵的瞬间，可以采用高速连拍进行拍摄，这样可以很好地记录不同时刻人物的表情或姿势，然后从多张照片中选取最满意的照片。

# 儿童摄影

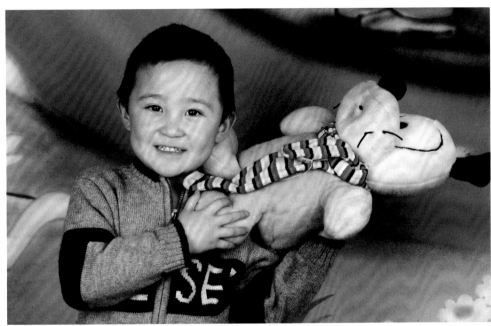

　　孩子是上天赐给人类的精灵，是最美的天使。在摄影艺术中，表现孩子的纯真、可爱是一个历久弥新的主题。

儿童摄影好就好在可以表现出儿童的纯真，但是恰恰就是表现孩子纯真的那一瞬间的定格却需要耗费更多的心血。拍摄儿童摄影，首先要学会跟孩子交流，明白孩子的喜好和脾气，这样才能让孩子不会因为怯场而逃避镜头，造成拍摄过程中的困难。

儿童摄影中需要使用道具吸引孩子的注意力，然后抓住时机完成拍摄

## 我和小猴的故事

儿童摄影其实有很多趣味性，成功的摄影作品既是对儿童美好瞬间的记录，也是大人回味自己的童年生活、记忆童真的一次机会。在儿童摄影中找回自己的童年感觉，寻找自己的记忆瞬间，这是每一个童心未泯的人的美好心愿。看一下下边的孩子，这样的摄影作品就是对童年生活片段的一个追忆。

我和小猴是好朋友，我不会欺负它的

我说过我们是好朋友的

我的小猴呢

小猴原来在这里

这下你们相信了吧

真气人，说实话都不相信人家

再也不和你们玩了

还是我和小猴好

其实我和小熊关系也不错

看完这些，你一定很喜欢我吧，哈哈

*Photography*

## 抓住孩子的表情

　　孩子的纯真天性是儿童摄影的主要表现内容和表达主题。在儿童摄影中，抓住孩子们的细微表情是一件非常重要的事情。因为孩子们不会撒谎、没有心机，一切都是出自赤诚天性。他们的笑容灿烂，他们的神态可爱，他们的面部表情需要我们认真去捕捉。

抓住孩子的瞬间表情和迅速选用构图方案是能迅速抓拍的关键

## 瞬间定格童真

抓住孩子的瞬间表情，记录孩子们童年的美好片段。

由于孩子们不是专业的摄影模特，所以他们不会留给你更多的时间去思考构图、摄影用光等问题，这些事先就要做好准备，打好草稿，这样才能在孩子们天然表情外露的时候不至于错过。

在拍摄过程中，您也可以通过
和小孩子说话、逗笑，引出他（她）
更丰富的表情，让童年的生活更加
丰富多彩！

　　注意观察孩子们的表情变化，并且学会与孩子们进行交流，最终将孩子们的表情用相机记录下来，成为他们成长中的经典记录。

# 孩子的造型

其实在拍摄儿童摄影时，只要与孩子做好沟通，就可以让摄影工作顺利进行。在做好沟通之后，让孩子在摄影时做一些造型，摆一些 POSE，是非常有必要的事情，这样不仅让照片拍摄得更加生动，还让孩子从中体验到摄影的快乐，喜欢上摄影，并在摄影中与家人进行交流。

优雅娴静的靓女造型

活泼可爱的女孩造型

可爱清纯的潮女造型

高贵典雅的淑女造型

　　不过,在拍摄儿童摄影时,要针对儿童的自身条件进行设定,孩子的造型设计不能千篇一律,要学会创新和突破,只有能创新的人才有创造力,有创造力的摄影才能拍出让人心动、让人记忆犹新的摄影作品。

儿童摄影没有什么特殊的规律可循，儿童摄影和其他摄影艺术一样，都是人文艺术的创作，在坚持基础的理论之后，儿童摄影就要以人文为主，将摄影的艺术和人的思考及主体意识结合在一起，充分发挥自己的观察力和想象力，拍出更多更好的儿童摄影作品。

# 女性摄影的技术要点

　　女性摄影是摄影的重要内容，拍摄女性要掌握更高的技巧，不仅是选用什么镜头、使用什么光线的问题，构图、拍摄角度等都是应该考虑的。女性摄影对摄影师的技术要求更高，而且对相片质量要求也更高。

## 光线运用

　　不管如何拍摄，选用什么肤质的模特，一定要选好正确的光线才能起到塑形的作用。选用光线，最好是在天气不错的情况下选用自然光源。因为自然光源是最佳的光源，并且省去了摄影师不少的繁琐准备工作。

光线和构图的关系就像鱼和水的关系一样，非常密切。没有光线就没有摄影，没有好的光线就无法拍摄出好的图片。这幅图片采用自然光，但是在人物头部的描写中又避开了自然光线，这样构成美女面部的阴影，把人们的视角引导到美女的身材和体态上，让主人公显得更加妩媚和神秘。

**Tips**

当模特所处空间有限时，建议采用广角镜头进行拍摄，这样可以培养较好的透视感。不过，对于技术不熟练的摄影者来说，广角镜头的拍摄使用要根据情况具体而定，不要距离太远也不要距离太近，这样人物的比例不易变形。

光线使用顺光，但是在构图上摄影者使用了特殊的构图方式，人物形体的表现力更加清晰。

顺光拍摄，在构图上修补光线塑形不力的缺陷

## 摄影用光

### 顺光

一般来说，人物摄影大多都采用顺光的方式进行拍摄，女性摄影也不例外。一般情况下，使用自然光线很容易拍出清晰的照片，脸部可以表现出细致的模样，不至于漆黑一片，整体表现能力出众。

## 侧逆光

光线从被拍摄对象的侧面过来，将人物的脸部特征和面部的轮廓整体表现出来，这是人物拍摄的常用方法。这种光线可以给模特更多的表现空间，有利于塑造更强的个性和更好的人物表现。侧逆光的塑形能力强于顺光，同时也比逆光的细致表现能力更强，这种光线更加吸引人，让人物的表现能力更强。

使用侧逆光，并且选取大景深拍摄，避免让模特的脸部过于暴露，而有意突出眼睛，让人物显得典雅美丽

侧逆光的使用，黑色的背景和人物的光亮让人物更具表现力

**Tips**

　　使用侧逆光,可以发挥模特儿的自身优势,并且可以掩盖其自身的不足。使用侧逆光时,可以将模特的不足掩盖过去,如脸庞稍大、脸角有痣等。同时使用恰当的肢体语言,可以拍出一张张迷人的美女摄影作品。

## 逆光

　　当光线从相机的正面,也就是从模特儿的背部照射过来的时候,就可以使用逆光拍摄的方式。一般情况下,使用逆光拍摄,美女模特的脸部就会形成阴影,就会变黑,但是因为背景显得很亮,所以可以勾勒出人物整体的形态之美。

这两张图片使用逆光拍摄,但是作用都很明显,虽然人物的面部表达不明显,但是背部光线可以将人物的修长身材和玲珑曲线表现出来

如果户外光线较差，可以使用反光板等补光措施，一般情况下不必使用闪光灯

## 散射光

在户外拍摄时，如果云层较厚挡住了阳光或者是阴天时，光线较暗，这时候的摄影光线就是散射光。散射光的塑形作用没有顺光和逆光强烈，但是散射光的亮度比较暗，相对比较柔和，也适合拍美女照，体现美女的阴柔之美。同时，因为背景和人物主体的光线差异没有逆光那样明显，所以不必使用闪光灯等，在拍摄时没有太多的偏差。

使用散射光可以使人物的整体表现得更加清晰

# 拍摄的角度

　　拍摄美女模特时，相机镜头如果和模特儿头部处在一个高度，就是平视；镜头在上人物在下，就是俯视；镜头在下人物在上，就是仰视。

　　平视拍法虽然没有什么特殊效果，但是看起来也是中规中矩。平视拍摄是最常规的拍摄方法，特点是能让相机和人物面对面进行交流，就像人们与模特对视的感觉，人物自身的特点、优势很容易表现出来。

平视虽然普通，却也很普遍实用。使用平视角度进行拍摄，很容易将条件优越的模特的美好身姿表现出来。比如下面这组镜头，使用平视摄影方式，很容易将人物的迷人身材展现出来，摄影师根据摄影环境进行构图、设计姿势，就可以让人物成为百变天后。

拍摄人物时仰视着拍摄会让人物看起来高挑，经过认真构图后会显得主角的腿部更修长美丽。

仰拍的用法并不多见，如果没有一定的摄影技巧和精美的构图，一般不宜使用仰拍

# 不会摆 POSE 的美女不能称得上合格美女

　　美女摄影的一项重要内容就是摆好姿势，我们在电视上常常会看到，那些专业的摄影师会不停地对着模特喊着摆好姿势，摆好 POSE，其实美女摄影的姿势和前面说过的相差不多，但是美女摄影包含得更为全面。

　　在站姿方面，女性的站姿有时候更接近 S 型站姿，这样的站姿更加有利于表现女性妖娆柔美的身材，显得更加优雅有气质。

模特的坐姿也很有讲究。一般情况下要让模特坐得自然一点，不要紧张，而且腰尽量直起来，并且注意不要有太多的空白，这样会抢镜头。

美女的卧姿和俯姿也很迷人。有的美女模特站起来显得瘦小，但是改变一下视角，选取卧姿或是俯姿，就会有不一样的视觉效果。女人的魅力在站立、行走、俯卧中，都会有不同的迷人之处。而卧姿或是俯姿的女人更有魅惑力，让人遐想不已。

不同的姿势展现

不一样的感觉

# 灵活取景拍摄美女

室外拍摄有很多的场景可以选择，如在都市中，可以去公园里的草地、长椅、围栏、花丛、树林等地拍摄，以及一些城市中比较有特色的建筑、街道等地拍摄，还有游乐场，更是美女的集结地。另外，一年四季各有各的特色，如冬天的雪景、秋天的红叶、春天雨后的街景、夏天的海边等，都是很好的季节性场景，只要与拍摄主题结合好，就可以拍出很多生动的作品。

## 公园拍摄

公园是很多人喜欢的地方，也是很多摄影师首选的场地，因为公园空气清新、色彩艳丽，充满了大自然的气息，可以展现出美女的青春靓丽、活泼开朗、甜美可爱等特点。但是，公园拍摄也有一定的缺陷，如它是很多摄影师都会选择的场地，缺乏个性。而且公园内的景物有限，若是没有新的创意和构思，很难拍出与众不同的照片来。

## 游乐园拍摄

在游乐园拍摄非常简单，将相机设置在连拍的功能状态，然后随意走动抓拍，最后再重新挑选出合适的照片即可。但是，要记得带上足够的存储卡和电池，然后将相机设置为光圈优先模式。最后还要注意拍摄的最终主题。

# 广角镜头拍摄高挑身材

广角镜头可以使所拍摄的主体变形，产生近大远小的作用。利用这一特点，可以突出美女的高挑身材。

在拍摄时，要以低视角从下向上拍摄，这样就可以拍摄出高挑的美女人像了。

低角度是拍摄出美女高挑身材的另一个手段，低角度的视角使得拍摄物体本身显得高大、挺拔

# S 形线条突出身体曲线

曲线线条属于流畅柔和的线条，可以产生动人的艺术效果。人物的姿势形成曲线可以表现优雅、柔美、高贵的艺术魅力。构图时可从不同的角度进行变化取景，还可从服装风格、横竖构图方面来进行变化。

# 高速快门展现女性发丝

　　头发是人像拍摄时不可忽视的部分。有时是为了展现美女的发丝而拍摄头发，有时是为了拍摄柔美的美女人像而拍摄发丝，拍摄的画面重点不同，表现的内容和方法也会有所区别。

如要拍摄动感的发丝效果，要把相机的快门速度调高，否则就无法抓住飘逸的动感瞬间。镜头方面要注意尽量不要使用广角，因为广角镜头容易造成人物面部和身体的变形，从而影响美观。

# 利用 2/3 侧面勾勒脸部线条

　　侧面是人像摄影中最常用的角度，从这个角度拍摄能很好地表现女性的脸部轮廓，在大多数的景别中都能得到较好的画面效果。

　　侧面拍摄时，人物视线方向是很丰富的，直视显得自信，而视线投向远方，向上或者向下都比较漂亮。这主要是由人物的脸形来决定的。通常利用 2/3 的侧面来重点勾勒脸部的线条，让人物看上去更显生动。

# 舒适姿势让人物更自然

姿势是拍照时必不可少的元素，而舒适的姿势可以让人物显得更加自然。利用身体各部位相配合，拍出最舒服的姿势，如重心放在一条腿上，双手插入口袋中，然后利用腰部支持上半身，或是放松头部歪向一边、不等高的双肩、轻盈而自然的手部动作都可突出人物姿势的优美感。

## 拍摄美女迷离的眼神

美女模特都有一张非常漂亮的脸，当她们安静下来，忧郁的表情会立即显现出来，这迷离的眼神展现了模特不同的另一面。拍摄美女模特的迷离眼神，要带模特进入一种沉静、忧郁的气氛中，让模特受到环境和气氛的感染。摄影师有必要对模特的表情进行引导。拍摄时应使用较大的光圈，拉开与模特之间的距离，这样能够更有效地虚化背景，使人物尤其是人物的眼神得到突出。

# 女性摄影的实用道具

　　利用一个精巧的道具，可以让画面更具说服力。女性摄影时的道具不必有多贵重，一朵小花，一条围巾，一袭红裙，都是非常有用的道具。而且在拍摄之前，摄影师也应该为其化好妆，准备好必要的道具。

# 无声的肢体语言

　　肢体语言是无声的语言，而肢体语言的作用有时候要比有声语言更有说服力。在摄影中，有声语言不能体现出来，但是肢体语言却可以表现在画面上，渲染整体的气氛。

**6**

*Chapter*

数码摄影之
# 婚纱摄影

**结**婚对于每个人来说都是很重要的一件事情，在结婚的繁琐程序中，婚纱摄影是必不可少的。它既重要又很难掌握，而且每位新人都希望能拍摄出一套带有自身独特个性的婚纱照来，正如衣服一样，量身定制才是最合适的，那么如何才能拍摄出让新人满意的照片呢？

    婚纱摄影的风格样式很多。据考察，婚纱摄影起源于我国台湾，很快就像一股潮流一样席卷了大陆和港澳地区。全国各地的婚纱影楼在一夜之间迅速崛起，各式各样的服装、各式各样的道具等让婚纱摄影充满了情趣和风味。

    随着新一代年轻人的个性推崇，婚纱摄影的作品风格更加符合年轻人的潮流。更多的年轻人在婚纱摄影选择时都注重培养自我个性，拍下能拥有自己独特记忆的婚纱照片，和自己的爱人一同分享。

    一般情况下，婚纱摄影的拍摄方式分为内景和外景。大多数的婚纱摄影是在内景拍摄完成的。所谓的内景婚纱照就是说在影棚里完成的婚纱拍摄，而这也是目前最多的拍摄方式。因为影棚里有更多的道具和布景，而外景婚纱照是指在户外完成的婚纱摄影，比如街拍等。

    近年来婚纱摄影的拍摄方式更多了一些变化，这就是越来越多的青年男女喜欢上了剧情式婚纱摄影拍摄。这种拍摄方式从主角的服饰、动作、表情还有布景方面联手入手，设置剧情，让拍摄的图片充满新奇，富有创意和情趣。

# 选择摄影器材

　　由于婚纱摄影需要应对的环境比较复杂，所以在准备摄影器材的时候需要根据不同的环境做好充足的准备工作。

## 选择数码相机

　　在条件许可的情况下，对于相机的选择当然是越专业越好，单反数码相机是在婚纱拍摄中比较常见的相机，其良好的拍摄效果、极快的反应速度以及手持拍摄时超强的防抖功能都是普通相机比不了的。

　　此外，为了防止相机出现故障，最好准备两台相机。

# 准备相机附件

闪光灯是必不可少的，如果现场光线不够充足，拍出来的人物的脸色都是灰蒙蒙的，就会严重影响照片效果。如果摄影师需要制造效果，则可以使用外接闪光灯将照片变成像电影剧照一般耐看。

如果人手充足，还可以准备三脚架。在某些时刻，如果没有三脚架，要想拍出一张好照片是不太容易的。

# 婚纱摄影的用光

拍摄婚纱照片，一定要注意为新娘新郎所化的妆是否和拍摄现场的光线相搭配。因为婚纱摄影的光线利用与摄影照片的效果是紧密相连的。

## 自然光

如果选择自然光线，那么要注意光线的强弱和当时的环境如何，在外拍摄时用的自然光较多，这时候一般尽量选择较淡的颜色来使自己看起来自然些。

# 灯光

如果是在室内拍摄，就要使用人造光线。这种光线比较柔和，新娘化妆的时候要尽量选择鲜亮丰富的颜色，突出时尚和色彩。

# 室外婚纱摄影的场景选择

（1）草原。草原上湛蓝的天空、如雪的白云、一望无垠的草地都是不经修饰的美丽背景。

（2）乡间。乡间古朴的小路、昏暗狭小的老房、覆着大片青苔的墙壁，虽然都是灰色的冷色调，却处处透着典雅、恬静的味道，意境深远，很有艺术氛围。

（3）公园。公园内绿草如茵、花团锦簇，既有小桥流水，又有长廊楼阁，在一处公园内就能拍摄到不同背景的婚纱照，方便摄影师取景。

（4）海景。夕阳西下，和心爱的人手牵着手行走在沙滩上，看着海浪拍打海面，就构成了一幅最美丽的画面。

# 婚纱摄影的颜色搭配

　　婚纱摄影的颜色选择很重要，不同的颜色代表着不同的心情，代表着不同的志趣和审美观。比如说有人对大肆宣扬的热闹气氛不是很感兴趣，那么就会热衷于选择比较冷的色调，有的喜欢热热闹闹的生活和气氛，那么他就会选择颜色比较张扬、比较喜庆的婚纱。有的人认为，西式的婚纱总是黑色西装配白色婚纱，一点新意也没有，于是他就会选择中式的唐装，那种非常精致的紫色唐装、代表尊贵的黄色帝王装、寓意双喜临门的状元红等，都是根据个人喜好而来，要根据具体情况来确定，不能硬性规定。

白色婚礼服，象征着纯洁、
美好的爱情

传统的黑色与白色相搭配
的婚礼服

红色代表的是喜庆，是热烈的爱情，寓意着希望和永恒

金色婚礼服，样式活泼，款式新颖

# 婚纱摄影的拍摄技巧

## 婚纱摄影构图的要求

　　婚纱摄影的构图非常简单，只要排除与主体无关的因素即可，要将新郎与新娘安排在主导位置，但也不要处于画面的正中央，以防画面显得呆板、生硬，缺乏艺术表现力，通常安排在黄金分割点上，黄金分割形成的四个交叉点是公认的有美学价值的理想位置。

# 婚纱摄影拍摄的方向

不同的拍摄方向可展现被摄主体不同的形象，通常分为正面、侧面、斜侧面和背面等方向。

## 正面

正面主要表现新郎或新娘的正面形象，能够高度表现人像的本色，但需要注意的是正面容易给人呆板的感觉，所以必须力求营造一种端庄、踏实、稳重的形象氛围。

侧面充分展示了新郎新娘的优美姿态和面部表情,使人像形式有多样变化。

### 侧面

侧面主要表现新郎或新娘的侧面形象。侧面的拍摄立体感强,能够产生空间感和线条的透视效果,具有较大的灵活性,能够看清人物相貌的外部轮廓特征,可以充分展现人物的面部表情。

## Tips

**如何有效防止眨眼**

防止被摄主体眨眼是拍摄者必须要思考的问题，专业的摄影师都有一套自己的方法，但是对于初学者来说，很多人都不是特别清楚。下面向读者介绍几种小技巧。

（1）在按快门之前提醒被摄者注意，然后再迅速按下快门。

（2）在按快门的一瞬间，先轻轻叩击相机、三角架或别的什么东西，故意促使被摄者先眨眼，然后再迅速按下快门。

（3）利用快门线，在被摄者全神贯注的情况下先半按快门，使反光板弹起，等被摄对象眨几下眼之后，抓住时机按下快门。

（4）不让被摄对象死盯住镜头，也能避免或减少眨眼的现象。

### 背面

婚纱摄影中很少采用背面的拍摄方向，但是若场景适合，再加上独特的创意与构图，也能展现出特殊的效果。

# 合理利用视觉要素

视觉要素包括线条、形状和色彩等，拍摄者若能充分利用这些元素，将其运用到摄影中，就能拍出令自己满意的作品。

## 线条

在摄影构图一节中，我们讲过很多种线条的构图方式，如水平、垂直、S形、对角线等，在婚纱摄影中，可以充分利用这些构图方式，引导观赏者的眼睛，激发不一样的感觉。

**Tips**

**婚纱摄影注意事项**

婚纱照是人们一生中最值得珍藏的照片，可以在很多年后帮助人们回忆新婚时的快乐时光。所以，在拍摄时无论拍摄者还是被拍摄者一定要谨慎，相互配合达到完美的效果。具体注意事项如下。

（1）在拍摄之前，拍摄者与被拍摄者双方要进行充分沟通，无论是从拍摄主题，还是形式、内容，都要做到统一。

（2）与化妆师、发型设计师先做好沟通，根据相应的主题选择妆容及发型，使拍出的作品既符合拍摄主题，又能使被摄者满意。

（3）注意调节拍摄现场的气氛，创造一个良好的拍摄氛围。

### 形状

形状是由线条闭合产生出来的。常见的有方形、圆形、三角形以及多边形等。拍摄者可以在构图时充分利用这些不同的形状以达到不同的效果，引起观者的共鸣。

### 色彩

前面讲过色彩有冷暖之分，人们通过不同的色彩可以产生不同的感受。在婚纱摄影时，可以将脸部肤色处理得明艳动人，而将周围的颜色处理得偏冷、偏暗一些；若是要拍摄特写，则可以在人物脸部周围安排一些大范围的冷色，达到突出主体的效果。

# 婚纱摄影的取景范围

（1）远景展示了人物活动的环境空间，注重画面的整体结构，主要是为了表现出画面的规模和气势。

（2）全景展示了画面的内容中心和结构中心，注重背景与人物的协调性，用背景突出人物，富有表现力。

（3）中景展示了被摄对象的形态特征，同时也易于表现幅度较大的形体动作和拍摄对象中最有趣味、最吸引人注意的部分。

**Tips**

特写镜头的视觉效应

（1）特写镜头善于表现被摄对象的局部特征，能把被摄对象的形象突出、清晰地表现出来。

（2）特写镜头能够很好地将人像局部淋漓尽致地表现出来，通过强大的视觉冲击，激起观赏者的审美重视和审美联想。

（3）特写镜头能够表现事物特性，表达自己独特的感受。

（4）近景的拍摄重点集中在人像的面部表情上，通过近景画面，可以抓住人像脸部的神情、手的动作等特征。

（5）特写是视距最近的一种景别，其取景范围小，画面内容单一，主要表现人或物的局部，反映的是某一局部细节或突出某种特有质感。特写通过清晰的视觉形象，能表现人物细微的情绪变化，揭示人物心灵瞬间的动向，使观赏者在视觉和心理上受到感染，达到强调效果。

7 Chapter

摄影

# 数码摄影之
# 动物摄影

**动**物摄影中最关键的技法是什么？答案是等待。等待的过程十分漫长，而且时时刻刻都不能松懈，否则良好的拍摄时机就会溜走。如果你想拍摄一张食肉动物捕猎的照片，需要付出常人难以想象的毅力和时间。而这正是动物摄影的最大魅力。

# 选择必要的拍摄器材

　　拍摄动物照片，可以利用手上的相机，根据镜头前动物的特点，按照不同的拍摄方法来完成拍摄。比如拍摄野生动物时，因为人们很难靠近它们，而且为了安全起见，要做好必要的措施才可以进行拍摄。又如在动物园拍摄，可以使用远焦镜头拍摄，拍摄者也要结合一定的拍摄技巧来完成拍摄。

拍摄动物照片，要将动物身上蕴藏的形态美、声音美、行为美等审美情趣表现出来，包括天上的飞鸟、水里的小鱼、动物园中的各种珍稀鸟兽。这些形形色色的动物，各自有不同的美丽，各自有不同的神态。

对于一些好动的动物，因为它们活动性强，并且生活环境非常复杂，不像家养动物那样有固定的生活习性，而且这种动物的野生环境对于人类来说是一个不小的挑战，所以需要拍摄者使用广角变焦镜头与长焦变焦镜头来拍摄取景，并且要能根据情况迅速做出反应，能够抓拍一些经典的优美画面。对于这种具有不可预知性的或者是在高速运动的动物，要保证快门速度不低于 1/60 秒。

**Tips**

拍摄动物照片需要付出一些耐心，并且要认真观察。如果需要拍摄某种动物，就要掌握它们的基本习性，善于发现拍摄机会并且能够及时捕捉这种拍摄良机，把握住动物精彩的动作或表情瞬间，然后按下快门。有时候摄影并不是一件容易的事，但是仍有更多的人愿意为之辛苦，因为这是一种艺术。

要根据不同动物的形态特征来考虑自己的构图。

当动物在不同的时间进行休息、玩耍、捕食时候，要选择不同的镜头和不同的角度进行描述和捕捉，突出动物不同的特点和形态。

## 【摄影小窍门】

有时候使用长焦镜头可以在远处对那些野生动物或者难以靠近的动物进行拍摄，如果有条件最好带上三脚架，既可以稳定相机，又能保证画面的清晰效果。

# 宠物摄影技巧

宠物是人类的朋友，也是人们日常拍摄的重要题材。宠物无论是逗人喜爱的，还是高大威猛的，大家都喜欢用相机拍摄。小宠物活泼可爱，大宠物威猛高大，这些可爱与威猛的特征都是大家喜闻乐见的摄影表现点。在进行拍摄之前，有必要掌握一些拍摄的方法和技巧，不管是镜头的宠物"肖像"，还是飞奔、嬉戏的瞬间画面，都可以轻松应对。

## 选择拍摄角度

选择正确的拍摄角度很重要。在拍摄宠物作品时，必须保持相机与宠物的视线在一个平面上，这样拍出的效果会更具美感。我们不能采用站立的姿势来拍摄身材矮小的宠物，如果那样的话会使宠物的背部过于夸张，让人感觉到视觉压抑。

在拍摄宠物作品时，还需要注意背景的选择，在必要时要虚化背景，突出主体

# 抓拍精彩瞬间

　　宠物的动作和表情与人类的动作和表情类似，但是没有绝对的规律可循。而且宠物的性情也会随着环境的改变而发生变化，所以需要在拍摄宠物时抓拍。可以预先设置好相机，用一些能发出声响的玩具吸引宠物的注意力，在短短的 1 ~ 2 秒的时间内迅速抓拍。也可以预先设置好相机，把宠物的注意力转移到能发声的物件上，利用短时间的迅速抓拍来记录下宠物好奇时的表情。

　　快门速度的掌握是抓拍飞奔、嬉戏动物的关键。一般对于新手而言，如果各项参数掌握调整得不好，可以将相机调整到运动模式，这样就能拍出宠物飞奔或飞翔时各种精彩的瞬间。

拍摄移动中的宠物最重要的就是掌握抓拍的拍摄技巧，只有掌握了这个技巧之后，才能拍出宠物在瞬间移动时的动作。

# 用心灵捕捉镜头

　　拍摄宠物要用心灵去捕捉镜头，因为宠物拍摄也是摄影师和宠物的一次心灵交流。摄影师拍摄的每一张宠物艺术作品，特征的表现是很重要的。在抓拍宠物特征时，我们不一定都要把宠物完整地摄入画面，只要抓住宠物所特有的局部，也可以令效果表现出众。在拍摄宠物时，要学会选择场景，并根据场景进行镜头选择。场景选择与镜头运用，是宠物拍摄的重要技巧。

与宠物近距离接触，和宠物近距离交流，拍摄效果会更加好。拍摄宠物要注意把相机放置在与宠物同样的高度上，让自己与宠物处于同样的视角，这样的话，拍出照片的效果会更加生动

# 如何让宠物听从你的调遣

## 使用道具可以做到事半功倍

让宠物乖乖听从自己的安排非常重要。宠物摄影最关键的一点就是必须想方设法吸引它配合拍摄。

不同的宠物有不同的特征和性格特点，所以给它们的玩具也各不相同。有的宠物性格多样、活泼好动，拍摄时它们会到处乱跑。这时投其所好也许是最好的办法，给它一根骨头或者小鱼之类的食物，它会忘了相机镜头的存在，这时候容易拍到自然、生动的照片。除此之外，花篮一类的小道具除了增添画面的美感外，还能够有效地限制宠物的活动范围，让我们轻松地记录下这动人的一刻。另外，宠物身后的背景小道具也可以增添画面的情趣，比如宠物室、布娃娃等。

使用一定的玩具可以让你的宠物更加听话，给你的宠物摄影降低难度

## 宠物拍摄的光线选择

　　拍摄宠物时光线的选择也很重要。选择合适的光线，根据拍摄需要对光线进行恰当选择，这是非常重要的拍摄技巧。光线一直是摄影的灵魂，宠物摄影中也要注意光线的运用，最好选择自然光。选择自然光线可以在拍摄时避免补光的情况。直射光可以很好地表现出宠物的毛发的亮边轮廓。若觉得直射光不好控制，也可以在阴影下拍摄，柔和的光线不但好控制，而且可以很好地表现出宠物的细节。再比如逆光拍摄可以表现出毛发的亮边轮廓。

　　如果在室内拍摄，还可以运用透过窗户或门的自然光线来进行拍摄，在这些光线下，宠物看起来会更真实生动，照片质量也会更高。

在自然光线的照射下，宠物的体貌与细节能够得到更好地展现

# 野生动物摄影注意事项

　　有些动物，比如老虎、大熊猫等，十分珍稀，甚至濒临灭绝，所以只有在动物园才能看到。在动物园进行拍摄时，需要注意动物所在的环境，并根据实际情况进行拍摄。许多的野生动物因为习性问题，只能被关在笼子里，所以取景时要尽量避免铁丝网或铁笼出现在画面中，因为这些铁丝网会影响视线，不能还原动物本身的情态，失去艺术价值。

假如动物怕
人，就不容易
拍到好的画面

动物园的老虎

　　野生动物拍摄需要掌握一定的摄影技巧。野生动物非常狂傲奔放，天然具备的自然的野性又给我们的摄影提供了一种原生态的味道。一幅成功的野生动物摄影作品不仅给人以美的感受，还能唤起人们爱护环境、保护野生动物的意识。所以，在拍摄野生动物时，也要注意保护它们，保护它们赖以生存的环境。

# 耐心是成功拍摄的关键

拍摄野生动物时摄影者是处于被动地位的，我们不能去支配动物的行为，所以说熟悉野生动物的习性和生活规律很关键，这一点需要丰富自己的野生动物知识，也需要亲自观察、询问和走访。当摄影师掌握了野生动物的习性和生活规律后，在拍摄时就能相对主动一些了。

狼

大猩猩

金丝猴

在草原上休息的狮子

独狼

## 安全距离是成功拍摄的前提

　　就算是人类自身，在与别人交往时也需要保持一定的安全距离。野生动物有的比较危险，有的比较温柔可爱，如果拍摄比较笨拙并且没有危险性的动物，可以稍微离得近一些，选择近距离观察，抓拍一些野生动物玩耍、睡觉时的情态，会让照片更有趣味。对于一些比较凶猛的动物，就要做好防护和安全措施了。比如在非洲大草原上，你绝对不可能有机会和一只雄狮面对面、心平气和地进行"交流"，因为你还没有来得及端稳相机，就已经被扑上来的狮子咬成碎片了。所以说，保持一定的安全距离，这是拍摄成功的关键前提。

阿尔卑斯山下的野牛

## 背景选择很重要

拍摄野生动物时，应注意背景的选择。
选择简洁的背景或色彩相对集中的背景，
才能使拍摄的主体更加突出。如果主体的
色彩和背景的色彩能形成鲜明的对比，则
画面效果会更加出色。

雪地野狼

可爱的野生大熊猫

## 不要贪大忘小

　　野生动物不只是大型动物才有拍摄价值，小型野生动物也不应被忽视，如果能够认真拍摄出这些小型的野生动物，也可以得到很多的精品。在拍摄小型的野生动物时，要注意选择微距镜头。前面已经提到，微距镜头的半径值大概在 50 ~ 180 毫米之间，更方便拍摄一些小物体，可以非常接近被摄体进行聚焦，所形成的影像大小与被摄体自身的真实尺寸相差无几，图像大小与真实被摄体大小成一定比例。

　　微距镜头与一般镜头相比，还可以聚焦更近的被摄体，比如小昆虫等，可以确保被拍摄物体精确聚焦、成像清晰。

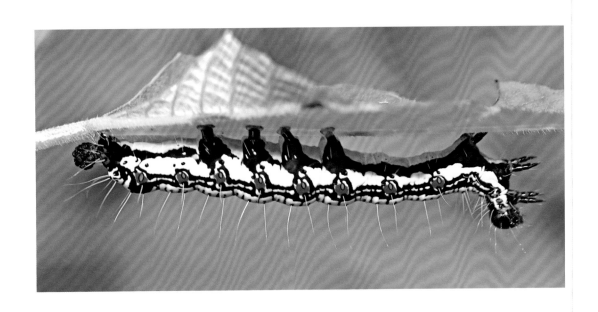

## 【摄影小窍门】

在拍摄这些小动物时，要注意光线的选择和白平衡的使用，因为这些小昆虫一般都躲藏在不易被人发觉的地方，光线有时候并不是很理想，所以需要摄影师根据具体情况合理运用光线技巧。

# 动物摄影的表现手法

前文讲过，拍摄动物必须要了解它们的特点及生活习性，拍摄的动物不同，所采用的方法也不相同，如拍摄形态较小的动物时，可以近距离拍摄，或使用微距镜头进行拍摄；若是凶猛的野生动物最好选择长焦镜头，远距离进行拍摄。

## 拍摄昆虫的细节

昆虫是动物中较小的个体，通常采用微距拍摄，以突出其形态特征和细节。在拍摄时要注意背景的选择、构图方式、光线的方向、明暗程度等。如明亮的光线会使画面显得更有活力；而暗调的背景更能凸显主体，使画面显得相对安静一些。好的背景、构图、光线可以获得与众不同的效果。

# 拍摄飞翔的鸟

拍摄飞翔的鸟难度较大，一般初学者拍出的照片大多较模糊，主要原因是对焦不准确所致。但是若相机具有连续对焦功能，拍摄起来就比较容易，将相机设置为连续对焦模式，对着鸟飞翔的方向快速按下快门，可以获得多张照片，然后从中选出满意的照片即可。

# 使用长焦拍摄野生动物

　　有些摄影师非常喜欢拍摄野生动物，因为它能给拍摄者带来很大的趣味性和挑战性。通常选用长焦镜头，保证安全距离。也会经常用到三脚架，因为长焦镜头一般较重，很多时候需要使用三脚架来保持相机的平稳，以获得清晰的画面。

# 拍摄可爱的小猫

　　猫是一种非常可爱的动物，大多数人都非常喜欢，但是从拍摄的角度来说，拍猫是极其不容易的。那么，该怎样拍摄呢？关键是要抓住猫的眼神，这样可以让画面更有感染力和有趣味性。

# 抓拍小狗

　　小狗是最常见也最令人喜爱的宠物，给很多的家庭带去了欢乐。小狗在日常生活中有很多有趣的行为，作为它们的主人，您可以拿起相机记录下这些有趣的画面。小狗一般都活泼好动，所以要用高速快门或连拍模式抓拍那些精彩的瞬间。

## 拍摄水中的鱼

　　鱼是水生动物，拍摄此类照片时，可以去水族馆或水池拍摄，也可以选一款带防水功能的相机，直接进入水下拍摄。在水族馆或水池等地拍摄时，由于水和玻璃会反光，应选用偏振镜来防止照片出现模糊不清晰的情况。

# 拍摄成群的牛羊

拍摄成群的牛羊时应选用长焦镜头和三脚架，运用小光圈拍摄。这样可以获得深景深，让画面呈现出广阔的效果，可以将分布较广的牛羊都清晰地展现出来，画面较宽阔，看上去具有层次感。千万不能以浅景深表现，因为这样会造成画面拥挤。

# 8

*Chapter*

## 数码摄影之
# 植物摄影

**当**我们踏青时，身边的各种植物便成了当之无愧的拍摄重点。除了可以在单株的植物上寻找摄影乐趣，还可以把成片的植物拍摄成风景，展现大自然的瑰丽。还可以拍摄出静物、微距和风景等各种类型的照片。

# 植物摄影的常用技巧

　　拍摄植物和拍摄动物的最大的区别是植物一般都是静态的，树木、绿叶、花卉等都是常见的植物拍摄题材。拍摄植物照片时，拍摄者可以借助色彩来展现植物的层次和主题，也可以借助光线、昆虫等来增强画面的张力和立体感。总而言之，在拍摄者的精心构图下，这些全都可以成为一幅生动优美的画面。

拍摄植物可以将植物作为前景或后景，利用景深，将植物放在镜头的主体的
前面或后边，以获得更好的效果

**Tips**

和拍摄动物一样，在对植物进行拍摄前，要对被拍摄的植物有大致的了解，对植物的生长环境、气候、开花时间等基本情况要掌握好。这样才可以更有针对性地去完成拍摄。

用前景拍摄，可以突出主题，增强画面感

城市植被的拍摄，既要考虑景别，又要设定主题和表达对象，因此并
不是如想象中随手一拍那么简单

微距镜头下的荷花

## 【摄影小窍门】

对于花朵或绿叶的特写镜头，可以尝试用相机的微距模式进行拍摄，将主体放大，表现出精致、美妙的艺术效果。

背景虚化让画面更加真实、立体化

### 【摄影小窍门】

对诸如花卉等静物的拍摄，我们可以使用背景虚化，以突出主体的形象，这种摄影技法不仅实用，而且非常普遍。

在拍摄花朵一类的静态植物时，要注意花朵的色彩变化，尽量保留花朵的本色和原本形态，这样更容易吸引人们的眼球。不过这并不容易，要想拍好一张花卉照片，可以结合构图、光线等多种因素进行拍摄。有的摄影师在拍摄花朵的时候，常常变换多种拍摄技法，比如使用俯拍的手法、使用仰拍的手法等，以展示花朵真实自然的形态。

【摄影小窍门】

如果选用长焦镜头拍摄，切记要保持好相机的稳定性，避免因手抖造成画面模糊的现象发生。可以使用三脚架固定相机，这样更利于构图和取景。

# 植物摄影注意事项

　　花花草草都是有生命的，拍摄花草最忌讳以拍为拍，简简单单地拍摄完毕了事。其实花草拍摄最重要的是与花草进行精神交流，利用自己手中的相机，选择好合适的光圈、焦距和摄影距离，就可以拍出具有不同神韵的照片。

花草拍摄要带着感情，将这些美丽的风景拍出神韵，这样才能让拍出来的照片更有感染力

花草摄影和动物摄影的不同点就在于花草摄影比动物摄影更需要挖掘。花草摄影的过程就是摄影师不断探索、不断挖掘的过程。动物摄影时可以用些道具给它们，可以让人和它们交流，但是花草等植物摄影就不同了。花草不会为你摆 POSE，只会静静地等待有心人来挖掘。

"

绿色植物的拍摄需要开创新意，需要将相关景物融入到镜头里，这样拍出来的照片才更有内涵，更有神韵。

"

　　拍摄植物时，不可以忽视植物叶子的拍摄。拍摄叶子，最重要的是体现叶子的那种悠然的神情和风姿。叶子在风中飘飘而舞，试想一下这是什么样的美丽场景啊。拍摄这种场景时，需要我们准备好镜头，并且光圈也要调到适当位置，这样拍出来的景物才更有内涵。

　　和地形的合理搭配也是植物拍摄的重要手段和方法。将色调浓郁的植物放在特定的地理环境下，就可以将植物装点得更加靓丽有型。

　　植物拍摄的光线选择也很重要，需要什么光线，选用什么光线都需要人们进行自主设定或加工，当然，这些在后期的图片编辑中也可以做到，不过最好在初期摄影时就做好这些工作。

# 花卉摄影要选择合适的时令

　　不同的花卉适合不同的气候和地形，所以要根据花卉的生长情况进行选择。比如说，拍摄杏花和桃花，就要在初春刚过、春意盎然的时候拍摄，一旦等到暮春时节，就不一定能拍到好的场景了。拍摄"清水出芙蓉，天然去雕饰"的荷花，需要在夏季找到荷花盛开的地点进行拍摄。不同的季节有不同的选择，不同的季节有不同的安排和准备。春天拍摄桃花杏花，需要注意防备倒春寒和霜冻，避免冻坏摄影师和相机；拍摄荷花、牡丹等，可以找一些有特色的地点取景，比如去河南洛阳，那里的牡丹花天下闻名。也要注意防水防暑，并且备好滤镜、遮光罩等。

# 花卉摄影要点

拍摄花卉要具备四个要素，分别为鲜明的主题、完美的用光、简洁的构图、和谐的色调。这四个要素是拍摄出优秀作品的关键。

## 鲜明的主题

我们身边有很多拍摄花卉的主题，无论是在城市的小区还是乡下的村庄，是公园还是田野，都有很多鲜艳的花朵，只要细心观察就会有拍摄不完的主题。

# 完美的用光

巧用光线，也可以拍出别样的作品，如散射光具有光线柔和、细致、反差小等特点，可以将花卉的质感与纹理完美地表现出来；逆光能清晰地勾画出花卉的轮廓，虚化背景，展现独特的魅力。

## 拍摄花卉的理想时间

自然光线随着时间的改变而改变，所以拍摄花卉最好在清晨，一般在日出后的 2 小时内，因为这时候的花卉颜色鲜艳，光照度也比较合适，能拍摄出色彩清晰、层次分明、影调明朗、

反差适中的作品。

　　阴天的时候也较适合拍摄花卉，因为花卉鲜艳的颜色不会被强光冲淡。雨后是很多拍摄者喜欢的时间段，此时的花朵上带有晶莹剔透的雨滴，这个时候拍照，会有令人惊艳的效果。

# 理想光线的运用

（1）侧光，是最常用的光线，拍摄出的画面立体感强、层次清晰，反差小，色彩明度和饱和度对比和谐适中。

（2）顶光，一般很少运用，拍摄出的画面缺乏层次、反差较大，色彩失真，容易偏蓝。

（3）逆光，也是经常用到的光线，拍摄出的画面轮廓清晰、造型美观，能细腻地表现出花瓣的质感、层次和纹理。但是，要注意必须对花卉进行补光，并选用较暗的背景衬托，才能更突出地表现花卉形象。

（4）散射光，也是较为理想的光线，拍摄出的画面色调柔和，反差适中，光彩诱人，而且这种光线不受方向局限，受光面均匀。

# 简洁的构图

在花卉拍摄中，构图是最关键的一步，它可以突出和美化主体，提高作品的表现力。花卉构图中需要注意两点。

（1）成像大小。花卉作品中的花朵在画面中所占的位置大小、对比的表现手段、画面的配置决定着作品的优秀与否。所以，无论是拍摄整体画面还是局部特写，都要突出主体，并要注意疏密程度，不能出现喧宾夺主、杂乱无章的现象。

（2）角度。无论是俯拍还是侧拍，都会形成高低或左右不同的摄影角度，角度的变化会影响构图的变化，所以一定要认真选择角度，做到合理构图，才能获得理想的作品。

# 和谐的色调

　　色调是花卉拍摄中的又一关键。其是否和谐，是否能突出特点等，都能影响整个画面的质量。拍摄时，不但要注意色调和谐，还要根据不同的主题、不同的光线条件和不同的背景选择合适的色调。不论是以冷调为主还是以暖调为主，只要安排合理，都能获得满意的作品。

**Tips**

**拍摄花卉注意事项**

　　（1）手动聚焦距离不好掌握，在液晶显示器上看照片清晰了，可拍出来不一定清晰。

　　（2）这样的小花卉一般都比较低，不便于使用三角架。

　　（3）在按下快门的瞬间，不能有任何风吹草动。除了反复拍摄，还可以采用连拍功能，或者包围拍摄，多试几次就能够获得满意的照片。

# 9

*Chapter*

## 数码摄影之
## 建筑摄影

**建** 筑摄影是一个具有广泛拍摄对象的领域，它包括代表现代科技发展水平的高楼大厦、广场桥梁等，也包括传统风格的宗教建筑、城堡别墅、桥和水坝等。所以说，拍好建筑物不仅仅要保证画面的垂直、不变形，还要体现出建筑物的内涵才算是一张完美的照片。

# 建筑摄影的构图选择

　　建筑摄影的构图很重要，建筑摄影的成败关键就在于能否成功构图。一般情况下，建筑摄影的构图不以建筑居中为佳，那样就把原本非常漂亮的建筑拍得没有生气，失去照片的艺术价值。在拍摄建筑时，需要从"上边"或者"下边"吸取适量的营养。比如说，当你在拍摄一座高高耸立的佛塔时，可以借助天空飘过来的白云，用这朵白云点缀气氛，让天空上云朵的飘动衬托地上佛塔的静谧，从而让你的摄影作品更有深度，更有生气。

　　假如天空中没有多少美丽的配景，那么就要调整角度，多从地面上的一些景物中寻找合适的陪衬，这样让建筑物显得不孤单，让你的照片风景更加有层次。

繁忙的港口，穿梭不休的船只，这就是这张照片传达给我们的主题。这张照片的取景很大，前景后景空白等全都包括，而摄影师也选取了清晨船只纷纷出海的画面，为我们带来了更为丰富的视觉感受

江桥夜景，曲线构图和闪烁不定的灯光是这张图片的经典之处

双桥并行，在霞云的掩映下，大桥的恢宏气势让人惊叹，禁不住引发横跨江岸、斩通天堑的豪情

# 建筑摄影技巧

建筑摄影主要是为了展示建筑物的规模，外形结构以及建筑物的局部特征等，其特点是：被摄对象稳定不动，容许长时间曝光。另外，还可自由地选择拍摄角度，运用多种摄影手段来表现对象。

## 对称式构图刻画庄严

对称式构图也称对比构图，主要以画面的中心为对称中心，以上下或左右对称为特征而形成的构图方式，所表现的意境往往庄重而沉稳，可以把建筑物所形成的对比效果展现在画面中，同时形成相互呼应的效果。拍摄者在拍摄过程中可寻找用来展现对称效果的建筑，通过刻画建筑整体来获取庄严感。

## 仰拍突出高大挺拔

　　仰拍高大的建筑可以在近距离内将整个建筑纳入画面中，通过压缩垂直空间距离的方式突出建筑物高大挺拔的特点。

## 俯拍展现城市面貌

俯拍时，照相机的位置高于被摄体。在这个高度，被摄体处于相机的下方，画面的透视变化很大。俯拍有利于表现城市景物的层次、数量及宏大场面，给人以深远、辽阔的感受，让整个画面具有很强的立体感。

## 借助线条突出独特的造型

建筑造型具有独特的地域差别，拍摄者可以借助丰富的线条，展现其独特的艺术气息与民俗风情。所以，无论是单独的建筑还是成群的建筑，都要结合构图、光线等因素突出建筑的外形特点。

# 特写建筑的独特元素

运用特写的手法拍摄建筑物，可以突出建筑物的独特特点，提高画面的表现力，增强视觉感受。

# 建筑摄影注意事项

## 拍摄时间与光线的选择

对于建筑物拍摄来说，最适宜的时间是早晨 9 ~ 10 点或下午 4 ~ 5 点之间进行。因为我们无法对其使用人工补光，只能利用自然光线，所以拍摄此类照片时间和光线是重中之重。一般来说，顺光拍摄的建筑物由于受光面较均匀，无法突出建筑物高大沉稳的特点，易于使作品缺乏表现力。当光线以 45° 角照射到建筑物时，可以增加建筑物的明暗对比和立体感，是拍摄的最佳时间。

## 合理使用曝光补偿

　　由于拍摄建筑物大多选择逆光和仰拍的方式，往往会使背景过亮，造成曝光失调，影响作品的质量，所以要在拍摄过程中，认真调试相机的曝光补偿设置，直至摄影主体能够明显跳脱于背景之上时，才可以按下快门进行拍摄。

# 数码摄影之
# 风景摄影

**和**拍摄人像与花卉等静物不同，风景摄影需要有新奇的创意。同样的风景，为什么有的人拍得就非常美丽，而有的人却拍得平淡无奇。只有真正深入进去，并且怀着严谨的、不功利、不浮躁的心态去拍摄，才能真正体会到其中的奥妙。

# 风景摄影的技巧

　　风景摄影是大自然风景的艺术再现，看到形形色色的风景，人们总会想到将它们记录下来，让这些美丽的瞬间停留在自己的脑海里，映照在照片上。风景摄影是一种技巧性很强的艺术，相同的风光和景色在不同的摄影师手中会有不同的效果，这些就是摄影艺术的神奇和奥秘所在。

图一

图二

图三

一般来说，这种宏大壮丽的摄影要求景深足够大，线条与影调分明，整体气势磅礴逼人，空间感和透视效果好。

用照片表述自然环境的瑰丽美观，不能只是将目光停留在那些风光外部的色调或线条上，也要留意思考画面中主体的位置和构图等。想一想怎样才能渲染气氛，让主题更加突出，增强作品的艺术感染力。

比较一下这三幅图，同样都是以蓝天白云为背景，同样表现塞外异域风情、高原风光，但是这三幅图给人的感觉就不同。第一幅图的草原荒凉，人烟稀少，而且色彩对比偏暗，感情低调低沉。第二张照片色调较亮，将草原的迷茫和天空气象的变幻结合在一起，上下对照，风情无限，但是照片缺乏层次，给人一种眩晕的感觉。第三幅图整体色调较低，但是却融合了第二幅图白云翻卷的意境，同时选取了一条长长的一直延伸的马路为风景的延伸。在路的远方是一辆汽车，汽车的远方就是一片碧绿的湖。整幅图片极具层次并给人以动感，向前延伸的公路与反向翻卷的白云相互映衬，极具动感和韵律，而最前方的汽车给人以希望就在前方、坚持就可以获得成功抵达目的地的心理暗示。由此，三幅图片的层次高低就可以见个分晓。

拍摄大自然风景，不能只是将镜头对着大景物，壮丽景观，也要对那些微小的事物进行认真观察，因为美丽也会藏在细微处。

# 风景摄影的构图方法

　　拍摄自然风光，要更加注重山景的走势，将风景和构图相结合，从而体现出不一样的美丽。沿着山势进行构图，将山的整体结构和图片的浩渺意境结合在一起，这样的风景让人沉醉不已。

　　在拍摄自然风光时，学会运用云、雨、雾、霞等自然条件，更有利于营造画面气氛，展现景物不同的魅力。

如上页各图，山势的走向变化和云的翻转流动具有不一样的诗情画意。如果你想拍下一幅独具神韵的自然风景的照片，绝对不能缺少云、霞、或雾气，因为这些风景对于激活画面、带动气氛和扩展层次具有重要的作用。有人说过，云、雾、霞就是摄影的调料，只要掌握好火候和时机，就可以拍出好照片。

### Tips

### 风景摄影主要器材

在风景摄影中，不仅要求拍摄者具有较好的观察力，而且一些摄影辅助器材也是不可缺少的，如三脚架、快门线、滤镜等。其中，三脚架和快门线主要是为风景拍摄提供稳定的拍摄环境，而滤镜是在特殊拍摄环境中为得到理想照片而为镜头附加的镜片，如偏光镜、UV 镜等。

　　拍摄自然风光，不能只是将镜头一味地对准高山流水，对着山山水水、花花草草拍照，也可能遇到一些当地的民俗风情，如当地的民居、牧民、行客等，这些都是可以拍摄的题材。摄影师可以拿出自己的爱机，寻找最好的角度和理想的光线效果，找好陪衬，完成构图，然后立刻按动快门，以得到美不胜收的照片。

　　去西部山区旅游，很多人都会看到牧民草原放牧的情景。此时拍摄这种画面，需要仔细斟酌。平视拍摄难以体现出一马平川的气势，而只有采取高角度拍摄，并且将相机视野拉宽，让人感觉到一种深远感和层次感，这样才可以让相片更加吸引人。

**Tips**

　　如果摄影者想要拍摄草原的畜牧环境，但是在选择什么场景拍什么场面的时候，需要思考一下怎样才能不给人千篇一律的感觉。我们可以从放牧生活中仔细发掘，寻找一些富有生机的画面，可以找到一些富含情趣的镜头，并且将这些有意义的画面与白云、山坡等结合起来，成功赋予主体形象艺术美感，这样就可以将风景中见到的人物放到风景中，让人和风景有机结合。

不只是草原风光，拍摄其他风光时也要注意将风景和动态物体联系在一起，让风景动起来，活起来。

乡村风情

冰雪飞桥

暮霭沉沉

# 拍摄日出日落

　　日出日落是大自然最壮美的景色之一，具有很高的审美价值。从古至今，许多文人墨客把它们作为赞美和抒情的对象，而摄影师和摄影爱好者也喜欢抓住日出日落的美丽瞬间进行拍摄。日出日落的美景是风景摄影的永恒主题。

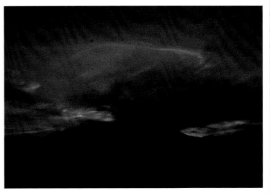

拍摄日落是一个连续的过程，因为日落本身就是一个渐变的过程，只有长时间地坚持和有技巧地捕捉，才能将整个日落过程拍摄下来

## 做好准备工作

拍摄日出日落时要配备不同类型的镜头,一般需要 3 个,分别是长焦镜头、变焦镜头和广角镜头。还要准备一个三脚架用来固定相机。

## 构图与曝光控制

拍摄日出日落在构图时大多会选择九宫法构图,也就是黄金分割法,即把太阳放在画面的右侧或者右上角,以及画面靠上或靠下的1/3处,从而达到突出拍摄主体、增强照片意境的目的。切忌将太阳放在画面的正中央。另外,还要考虑太阳在画面中所占的比例,适当使用一些简洁的陪体(例如云彩、飞鸟等)或使用前景色衬托(例如树木、水面等),会使照片显得更加生动,避免只有一个太阳的平淡画面。

　　拍摄日出、日落时，切忌以太阳的亮度曝光，这样会导致画面上只有太阳，其余景物曝光不足。正确确定曝光量的方法有两种，第一种是先让太阳处于取景器内三个不同的位置上，然后选取三个位置的曝光平均值；第二种是选择太阳附近明暗过渡部分作为测光点，若太阳附近有云，则选择云层亮部内侧作为测光点。

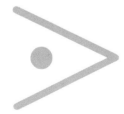

**拍摄日出日落要抓住重要的 15 分钟**

　　一天当中，有日出有日落，日出日落的美让很多摄影师着迷。但是日出日落最美丽的那段时间，分别只有短短的 15 分钟。所以在拍摄日出日落的时候，要记住多多地拍摄，拍摄结束后再慢慢挑选，这样就可以尽可能避免因日出日落时间短而导致的拍摄照片量少无从挑选的问题了。

## 落日余晖让画面色彩更丰富

　　落日使地面上的景物披上了一层漂亮的光的外衣，变得更加美丽。而拍摄天空云层的渐变色彩，可以从侧面呈现落日迷人的魅力，获得的画面有一种暖暖的红黄色调，亮丽而富有诗意。

　　在拍摄时可以选择不同的白平衡模式，创作出不同色调效果的画面。此外，还可以利用不同的明暗对比，展示夕阳余晖下的别样风情。在视觉上则会有一种由近及远的层次感，同时画面的色彩也更加丰富。

# 拍摄雨景

雨天是我们生活中必有的情景，雨天的景物也有着独特的情调，拍摄雨景容易获得雅致朦胧的效果，因为雨水的反光，使远处景物明亮或朦胧，色调浓淡有致，别有一番风趣。

## 雨景拍摄题材

在雨中拍摄时，连绵朦胧的雨丝是很好的拍摄题材，能够充分体现出雨天的美，给人一种浪漫、朦胧的感觉。

雨后风景也是雨景拍摄的重要题材。在雨后，空气中的尘埃落定，被雨水湿润过的万物色彩更加浓郁，表现出特有的活力和生机。此时，颜色艳丽的植物、花草上晶莹的水珠以及美丽的彩虹都将成为表现雨后美景的拍摄对象。

## 拍摄雨景时的快门速度

拍摄雨景时的快门速度不可太高，因为高速度会把雨水凝住，形成一个个小点，而没有雨水的感觉。如果使用的快门速度太慢，雨水会拉成长条，效果也不好。一般以使用 1/30~1/60 秒每帧的速度为好，这时快门速度不高，可以强调雨水降落时的动感。我们可以参照雨小速慢、雨大速高的规律尝试拍摄。

## 取景和曝光控制

在雨景拍摄中，应选择较小的场景进行拍摄，因为雨滴的散射作用能够降低空气的透视度，若选择较大场景进行拍摄，照片背景将被淹没在一片灰白之中。

雨天拍摄，一般多采取减少曝光的方法，即以比正常曝光量减少一档至一档半的曝光量曝光，这样有助于提高画面的反差。因为水珠、水滴、水迹几乎透明，在深色环境中容易因曝光过度损失水的质感。

# 体现照片透视感

在风景照片拍摄中特别注重景物之间的透视关系，而雨天空气透视感差，为体现照片画面纵深透视感增加了一定的难度。拍摄者可以选择一些简洁的前景来体现画面的纵深感，也可以运用空气透视的方法，选择高大、明显的景物作为背景进行拍摄，以体现画面的空间透视感。

# 拍摄雪景

寒冬腊月，当大雪纷飞、冰雪覆盖大地时，正是冰雪摄影的大好时机。特别是摄影爱好者，看到冰雪满心欢喜，拍摄起来更是心情激动，但冲洗出的照片却很少有满意之作，往往与拍摄时的设想和构思相差甚远。究其原因，就是没有掌握其拍摄要领，对冰雪摄影的特殊性缺少了解。

## 雪景拍摄题材

在银装素裹的雪景中，挂满冰凌或沾着积雪的树枝、花朵、铺满积雪的建筑物，以及形态逼真的雪人等都是反映雪景之美的拍摄题材。

# 光线运用及曝光控制

　　由于雪是一种洁白的晶体，其反光度较高，太阳照射到上面时会显得更加明亮，因此在雪景的拍摄中，如果以正面光或顶光进行拍摄，由于光线平正或垂直照射的关系，不但不能使雪白微细的晶体物产生明暗层次和质感，反而会使景物失去立体感。因此，为了表现出雪景的明暗层次以及雪的透明质感，运用逆光或后侧光拍摄雪景最为适宜。但是，逆光或侧面光照射在白色面积较大的雪景上，没有被雪所覆盖的其他色调的景物容易变成黑色，所以为了使雪景中的白雪和其他色调的景物都能够有层次感，拍雪景就必须选择柔和的太阳光线。

　　另外，由于雪具有较强的光线反射能力，使用相机自动设定的曝光量进行拍摄易造成照片曝光不足，使雪在照片中呈现为灰色。因此，应该适当地进行正补偿（+EV），以获得曝光准确的雪景照片。

## 选择前景和背景

　　雪景拍摄中前景和背景的选择也非常重要，由于雪具有反光强、亮度高的特点，如果单纯拍摄一片白茫茫的大地雪景会导致照片画面缺乏透视感和层次感，使人产生厌倦的情绪。若充分利用带雪或挂满冰凌的树枝、篱笆墙、建筑物等为前景，提高雪景的表现力，增加画面的空间深度，会加强人们对冰雪的感受。

# 快门控制

### 使用中速快门凝固飘雪

雪花体积大，分量轻，在飘落过程中，会随风飘舞。在拍摄飘舞的雪花时，我们不但可以表现其随风舞动的动感，也可以用中速快门凝固其飘舞的瞬间，给人一种飘飘洒洒的欢快感。

快门速度一般控制在 1/30~1/125 秒之间，但要注意选择好背景。一般应选深色的背景，这样可以避免背景对雪花的干扰，强调雪花的存在感。

### 低速快门拍摄雪花的动感效果

低速快门就是低于 1/30 秒的快门速度。低速快门在摄影中的主要功效是保证感光元件在光照较弱的条件下获得足够的感光。合理地运用低速快门，能够营造出许多特殊的摄影效果来。但是具体也需要针对个别情景而言，拍摄流水时，1/30 秒可以得到很好的动感画面，而在拍摄飘舞的雪花时，就需要把快门速度调到 1/2 秒以下了。因为雪花本身飘落的速度比较慢，要想捕捉其动感效果，没有长时间的曝光是不行的。

另外，使用低速快门时，拍摄者只要使用三脚架或者其他措施稳住照相机，所拍摄出的画面就会出现清晰的背景和模糊的动体，而模糊的动体由于其本身的动态造型会使形象更为突出。

## 使用手动白平衡

虽然雪景中所有的景物都是白茫茫的一片，但是随着时间、光照条件等因素的变化，白雪也会表现为不同的色调，所以在雪景拍摄中，由于周围环境的影响，相机的自动白平衡功能往往不能得到令人满意的效果。因此在拍摄时，应尽可能使用手动功能来精确调整相机白平衡，以准确还原色彩。

**Tips**

**雪山拍摄的技巧**

　　拍摄雪山以手动曝光模式为好。要注意把握好光圈、快门速度和曝光补偿这三个参数：光圈不要太大，以保证照片有足够的层次；快门速度适当提高，以相机的稳定度来保证画面的清晰度；适当地给以曝光补偿，可避免画面中的白雪变成灰色。

# 增加曝光补偿拍摄雾景

　　拍摄雾景时，应选择形状轮廓线条好的景物作为画面的主体，例如云雾与山峦形成强烈的明暗对比、虚实对比，有利于表现雾的朦胧，增加画面的空间感和纵深透视感。

　　拍摄雾景对曝光要求很高，特别要注意曝光准确性。雾景图像主要以浅色调为主，只有较少的内容为深色调，相机按正常测光经常会产生曝光不足的现象，所以在拍摄时要增加曝光值，通常在测光时获得曝光量的基础上再增加 1 挡左右曝光量。如果需要将画面处理得更具高调效果( 即色泽更淡雅些 )，拍摄时曝光量可增加 1 挡，如果欲表现得比较自然，保留高光部位的层次，可适当增加 0.3 ~ 0.5 挡曝光量。

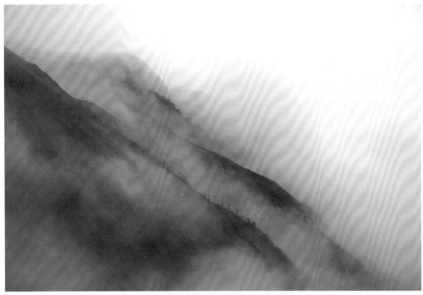

# 11

*Chapter*

摄影

# 数码照片
# 后期基本处理

随着数码相机的普及，越来越多的人使用数码相机在旅游、聚会等活动上拍摄照片。但是，由于摄影经验的欠缺或相机本身的性能问题，拍摄出来的照片往往不尽如人意，这时候，使用 Photoshop 等照片处理软件，就可以将一些不满意的照片调整为专业级别的照片。

在一般的摄影创作中，由于不可预知的条件的限制，很多拍摄现场的情况和条件不能达到尽善尽美的程度，这样拍出的照片也不会尽善尽美，总会有不如意的地方。好在数码摄影并不是不可逆转的，借助现代电脑后期技术和数字图像处理软件就能把图片进行再次加工，弥补摄影创作过程中让人不满意的缺憾。

现代科学技术的发达已经超出了人们的想象，只要熟练掌握这些技术，并且充分发挥自己的想象力，就可以实现自己需要的摄影效果。

现在市场上各种图像处理软件众多，例如 ACD See、光影魔术手等，这些软件各自有各自的特点，并且不同的人偏爱不同的软件。而最专业、最受大众喜爱的还是 Adobe 公司的 Photoshop 软件。这款软件的强大功能让许多 PS 高手具有了妙手回春、画龙点睛的功力，不管是业余摄影爱好者还是专业摄影师，都可以利用 Photoshop 这款强大的图像处理软件来满足你的要求。

# Photoshop 的相关知识

Photoshop 软件因为其强大的图像处理功能而倍受青睐。摄影爱好者进行图片后期处理时也偏好使用 Photoshop 进行数码影像后期修饰。在介绍这款软件使用方法之前，有必要了解有关 Photoshop 的一些基本知识和专业术语。

## 像素和分辨率

像素是计算数字图像的基本单位，用一个形象的比喻，一张照片就是一堵高墙，而像素是带着一种颜色的小方点，由许多这种色彩相近的小方点组成的墙就形成了一幅完整的画面。这些小方点就是构成影像的最小单位——像素。

与像素相关联的一个名词就是分辨率。分辨率就是在单位长度内所含像素的数量，例如：一张宽 5 英寸、高 7 英寸的图像，当以分辨率 300 像素 / 英寸进行输出时，该图像的像素值为（5×300）×（7×300）=3150000。分辨率越高，输出的图像就越清晰。

# 操作界面

启动 Photoshop，就会看到 Photoshop 的操作界面。第一次打开软件，都会有一个提示窗口，使用者可以结合自己需要，进行选择。

操作界面包含了编辑处理照片时可能要用到的各种工具、控制面板以及菜单栏等。如图所示，操作界面分为菜单栏、工具属性栏、编辑窗口、画面显示比例框、工具箱、文件状态栏、水平 / 垂直滚动条等。这些概念不必强记，因为应用这款软件只有熟能生巧才能应用自如，只要应用熟练，不必纠结于这些概念。

菜单栏：这是 Photoshop 操作界面的重要组成部分，它把 Photoshop 的功能命令集合分类放进了 9 个菜单中，就像把水果或是蔬菜分到 9 个篮子一样，这 9 个菜单是文件、编辑、图像、图层、选择、滤镜、视图、窗口、帮助。当这些功能菜单是浅灰色时，是不可激活的状态，暂时不能执行使用。

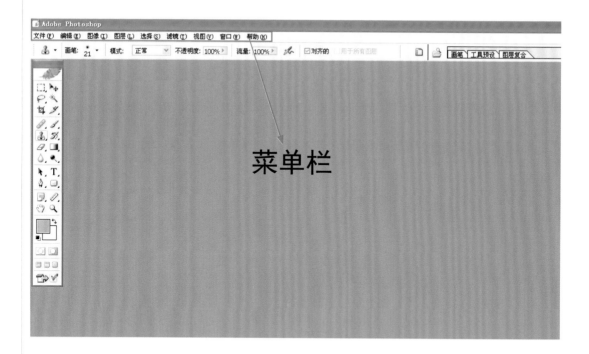

工具属性栏：在菜单栏的下方，在选择工具箱中的某个工具时，工具属性栏就会显示出此工具的属性等。如果有需要，可以在工具属性栏找到参数设置，通过设置进行更适合自己的参数选择。

编辑窗口：这里是显示图像的区域，就像切菜的案板一样，这里是 Photoshop 软件的主要操作界面，在这个窗口位置之内可以编辑或处理图像。

工具箱：这里汇集了 Photoshop 中的所有工具，如有需要单击即可。

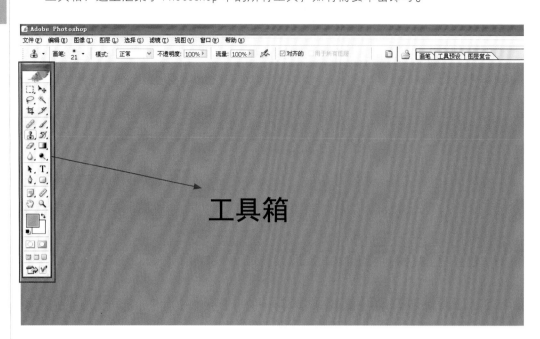

　　画面显示比例框、文件状态栏与滚动条分别在编辑窗口的下方或左侧，从这里可以获知显示的图像与实际尺寸的百分比、文件的文档大小，并可以在垂直或水平方向拉动窗口。

　　除此之外，还有一个界面值得介绍一下，虽然初学者不甚明了，但是真正的行家肯定知道，在界面的右侧，有一个浮动控制面板，可以在"窗口"菜单隐藏或显示这些面板，通过操作面板可以对颜色、字体等进行各种操作，相信随着各位在相片后期处理的操作过程中逐步熟练，对这个面板也会越来越熟悉。

# 照片剪裁和旋转

## 照片的剪裁

拍摄时，由于各种条件的局限或者是构图的不严谨，出现在照片中的景物有的与摄影主体没有关联，因此需要在后期处理过程中进行纠正。使用图像剪裁工具可以裁掉一些影响或破坏画面整体艺术美感的多余内容，就像裁缝剪掉衣料的一些边角一样，让图像更加完美。

裁切照片的具体操作过程是：

（1）在菜单栏中找到"文件"，选取"打开"命令，把要进行处理的照片放在编辑窗口内。

（2）从工具箱中找到"裁剪工具"，这就是我们要用的"剪刀"，与真实的剪刀不同的是我们的剪刀可以自己在照片中拖出一个裁剪控制框，将需要保留的内容选中，变暗的区域就是要被剪裁掉的部分。

（3）确定裁剪范围之后，裁剪框调整工作结束，单击【Enter】键确认操作，这时你就可以看到没有用处的画面被裁剪掉了。

（4）可以选取"视图"中的"标尺"菜单命令，这样在窗口的左侧或者上方显示标尺，通过标尺查看裁剪后的图像大小。

【摄影小窍门】

通过裁剪还可以调整画面构图，为你提供新的思路。比如可以将原来横构图的照片通过简单的裁切立马变身，得到一张竖构图。这就是裁剪的一种妙用。

# 图片的旋转

初步的调整，除了裁剪，还可以对图像进行旋转，找一张不同的图片，试着选用旋转特效，也许你会得到不一样的惊喜。

（1）在菜单栏中找到"文件"，选取"打开"命令，把要进行处理的照片放在编辑窗口内。

（2）执行"图像"→"旋转画布"→"90度（逆时针）"命令，看看图片，是不是已经翻转过来了？

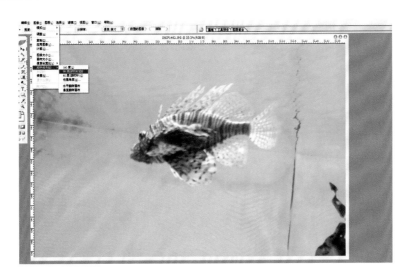

效果图

（3）执行"图像"→"旋转画布"→"90 度（顺时针）"命令，看看图片，翻转为哪一个角度更好呢？

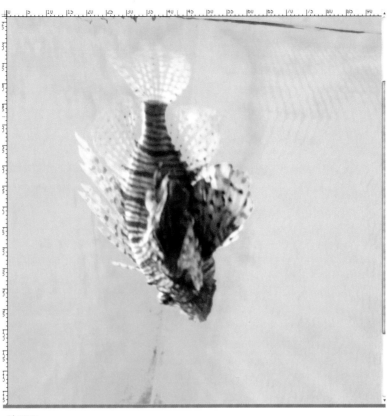

效果图

**Tips**

Photoshop 中的"旋转画布"命令可以将整个图片或者单个图层进行翻转，实用性非常强。

# 照片曝光调整和色彩调整

我们会因为相机设备不够精良或者失误曝光计算等因素而导致最后的相片曝光不足或者过量，这时就轮到 Photoshop 软件来显身手了。因为 Photoshop 软件中有许多调整色调的功能，可以根据数码照片的实际情况进行色调分析、自动调整，以纠正相片初始曝光量。

### "自动色阶"操作

（1）在菜单栏中找到"文件"，选取"打开"命令，把要进行处理的照片放在编辑窗口内。

（2）执行菜单栏中的"图像"→"调整"→"自动色阶"命令。（千万别眨眼，要不然你会错过照片变动的那一刻！）

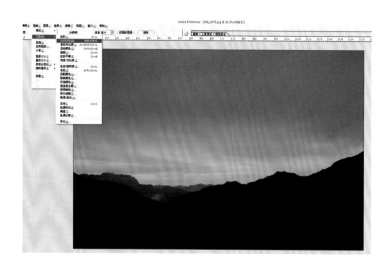

效果图

## "自动对比度"操作

（1）在菜单栏中找到"文件"，选取"打开"命令，把要进行处理的照片放在编辑窗口内。

**Tips**

除了按照以上的步骤操作外，还可以使用 Shift+Ctrl+L 的组合键，在打开图片后使用这个组合键，也可以进行自动色阶调整。

（2）在菜单栏中执行"图像"→"调整"→"自动对比度"命令，这样自动对比度的调整也就完成了。

效果图

### "自动颜色"操作

(1) 在菜单栏中找到"文件"，选取"打开"命令，把要进行处理的照片放在编辑窗口内。

（2）在菜单栏中执行"图像"→"调整"→"自动颜色"命令，照片的颜色也就自动调整完成了。

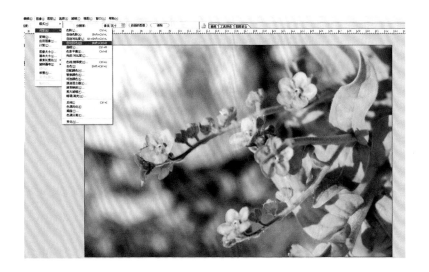

效果图

Tips

除了这三种自动调整的操作外，还有更多的手动调整操作。比如"亮度／对比度"操作、"色阶" 操作、"曲线" 操作。三种操作可以综合考虑照片的各项因素，不会像自动调节一样太过单一。

由于三项操作比较近似，所以就以"色阶"调整操作为例，进行操作演示。

（1）打开要进行调节的图片。从菜单栏中找到"文件"选取"打开"命令，把要进行处理的照片放在编辑窗口内。

（2）在菜单栏中选取"图像"菜单，选择"调整"，在下拉列表中找到"色阶"命令，这时候就会弹出一个对话框，在对话框中设置色阶参数，设置完成后单击"确定"即可。

效果图

**Tips**

　　"色阶"操作的快捷键是 Ctrl+L，单击这个组合键就可以弹出"色阶"的对话框。应用快捷键操作可以使操作更加简捷，如使用 Ctrl+U 快捷键，就可以弹出"色相／饱和度"的对话框，可以在这个对话框中进行操作。使用 Ctrl+M 快捷键，就可以弹出"曲线"的对话框，在这个对话框中进行调整后，单击确定就可以了。

# 照片除尘处理

在拍摄过程中，由于背景脏乱或者数码相机感光元件等没有擦拭干净而沾上了灰尘，都会影响相片的整体美观。使用 Photoshop 软件，对相片进行除尘处理，就可以让图片进一步完美。

## 【摄影小窍门】

摄影时要注意适时地擦拭一下镜头，并做好相机的防沙防尘保护，避免照片出现灰尘。

在 Photoshop 软件中打开要进行处理的问题照片。

选择"仿制图章"工具，对笔刷的主直径、硬度等进行设置。

从模式下拉列表中选取自己要用的模式。

按住 Alt 键，选取邻近的干净色，点击，然后到有尘污的地方进行修补。

最后在达到自己满意的效果后，保存图片。

**Tips**

　　除了使用"仿制图章"外，还可以使用"修补"工具配合使用。有兴趣的读者不妨试一试修补工具。这个工具是将带有灰尘的区域选中，然后利用鼠标拖动选区到比较干净的地方再释放，这样就将原来带灰尘的区域修复好了。

# 照片背景虚化处理

　　拍摄照片时，构图完成后再看照片，有的时候你会发现，照片的景深过长，背景过于抢镜头，或者觉得一张图片的主体和背景同样清晰，不利于主体表达，这时可以借助 Photoshop 将背景虚化。

　　首先从你的素材照片中打开一张背景需要虚化处理的图片，从菜单栏中找到"文件"，选取"打开"命令，把要进行处理的照片放在编辑窗口内。

然后从工具栏中选择"钢笔"，勾出要虚化的背景。

再执行"滤镜"→"模糊"→"高斯模糊"命令。

结合自己的喜好,在弹出的"高斯模糊"对话框中进行设置,等到结果达到预期之后点击"确定"按钮就可以了。

# 照片暗部过暗的处理

前面讲过拍摄时光线的方向的相关知识。有的时候在拍摄过程中，光线的某一方向过于强烈，而且没有反光板的协助拍摄，被拍摄人物或景物就会出现过暗的暗部。照片的明暗对比过于强烈可影响照片的整体艺术效果，人物细节的表现会不足。对这样的拍摄作品，只要在 Photoshop 软件中使用"阴影／高光"命令进行修复就可以祛除瑕疵。

具体操作步骤如下：

（1）从菜单栏中找到"文件"，选取"打开"命令，把要进行处理的照片放在编辑窗口内。

通过观察可以得知，照片的整体曝光是正常的，但是由于人物受光不均，侧面的光亮过于强烈，导致了人物背光面太暗，所以要使用 Photoshop 进行处理。

（2）从菜单中执行"图像"→"调整"→"暗调／高光"命令，弹出"阴影／高光"的对话框。

（3）在对话框中设置合适参数，设置完成后单击"确定"按钮即可。

**Tips**

在照片曝光正常的前提下，不要单一地
增加画面的亮度，这样很容易导致曝光过度。

# 照片锐化处理

所谓锐化处理，就是在 Photoshop 软件中将一张原本看上去比较模糊的照片使用"魔法"，让它变得清晰。使用锐化处理可以弥补摄影师很多的遗憾，让照片变得更加完美。

从菜单栏中找到"文件"选取"打开"命令，把要进行处理的照片放在编辑窗口内。

从菜单中执行"图像"→"模式"→"Lab 颜色"命令。

从菜单中选取"滤镜"→"锐化"→"USM 锐化"命令，重设参数，随后就可以达到满意的效果。然后再将图片模式改为 RGB 颜色。

等图片的最终效果出来的时候，我们就不得不叹服 Photoshop 技术的神奇了。如果能够熟练掌握，对摄影爱好者来说是一个不可多得的帮手。

# 给照片穿上彩衣

在一些自然风光照片中，有经验的摄影师会在摄影前安装一块彩色滤光镜，这样拍出来的风景具有不一样的鲜明色彩。不过我们也不用遗憾，虽然有的风景照并没有安装滤光镜，但是也可以得到一张有滤镜效果的美图，因为在 Photoshop 软件中也设置有这样的功能，为美丽的风景照换上彩衣。

（1）打开 Photoshop 软件，从自己的照片素材中加入照片。

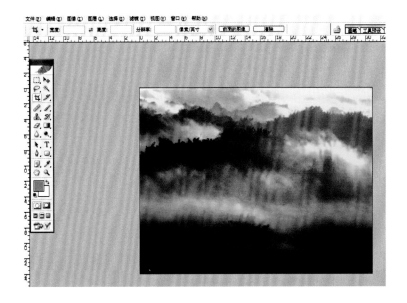

（2）从菜单栏中执行 "图像"→"调整"→"照片滤镜"命令，弹出相应的对话框。

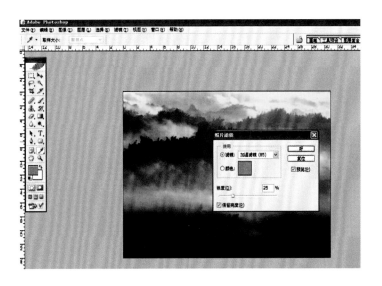

（3）在"照片滤镜"对话框中进行参数设置，将"滤镜"选为"深红"，"浓度"定为"50%"。最后单击"确定"，得到一张红色滤光镜效果的照片。另外，还可以根据自己的喜爱设置滤镜，得到心仪的照片。

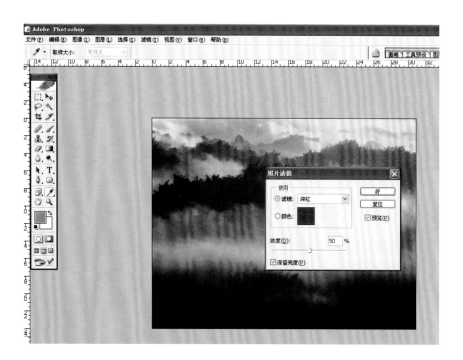

数字时代的来临，给人们的工作和生活带来了巨大的影响，应运而生的数码相机，开拓了数字影像丰富的世界，从根本上改变了传统的摄影工艺和摄影体系，向传统摄影发起了严峻的挑战，迫使我们不得不从零开始来认识数码相机。

那么，怎样才能让摄影爱好者系统地学习并熟练掌握拍摄技巧呢？我们在编撰过程中咨询了很多专业摄影师，他们一致认为，要想拍摄出好的照片就一定要熟悉自己的相机，熟悉相机的各项设置，然后结合场地、光线以及需要拍摄的主题，进行自主创作……说起来简单，做起来就比较困难了。因此，我们重点讲解了正确使用相机、相机维护、对焦、测光、白平衡、快门、光圈等基本知识，并以深入浅出的方式介绍了一些拍摄实例，精选了精美的图片供广大读者学习、借鉴。

在本书付梓之际，心中满是感谢之情。首先感谢吕宁、张斌、胡利民等专业摄影师们，在这段时间里，他们不厌其烦地指导和督促着我们，并将自己的作品提供给我们。然后要感谢李平、吴力娇、吕晓滨等朋友们，他们利用业余时间充当模特。由于篇幅原因，还有很多为我们提供资料的朋友们，不能在此一一提到，敬请谅解。正是由于他们的帮助，本书才得以出现在广大读者面前，再次表示衷心的感谢。

其实，书只是引导读者从一个门外汉到入门的敲门砖，我们在学习中不可能只依靠理论知识就能够成为高手，最重要的还是要理论结合实际，只有这样才能进一步提高自己。

● **总　策　划**

王丙杰　贾振明

● **责任编辑**

张建平　李晨曦

● **排版制作**

腾飞文化

● **编　委　会**（排序不分先后）

玮　珏　苏　易　鲁小娴

白　羽　杨欣怡　冷雪峰

姜　宁　田文轩　潇诺尔

● **版式设计**

张怡璇

● **图片提供**

吕　宁　张　斌　胡立民

李　平　吴力娇　吕晓滨

李紫晨　贾　健　贾诗函